锅炉课程设计指导

主编 苏 磊 范红途

南京大学出版社

内 容 简 介

本书介绍了中、高压煤粉锅炉的特点,以 220 t/h 国产高压煤粉锅炉为对象,对整个热力计算过程进行了详细说明;对各受热面的结构设计和热力计算过程进行了详细说明,并辅之以方框图,使学生在使用时更加容易理解;对各个受热面的计算误差要求进行了说明。书中锅炉各受热面结构图及其标注比较齐全,公式索引十分清楚,能满足学生在规定教学时间内完成教学任务的要求。

本书可作为高等院校能源动力类及相关专业"锅炉课程设计"的学习指导书,也可供相关科研人员参考使用。

图书在版编目(CIP)数据

锅炉课程设计指导 / 苏磊,范红途主编. —南京:
南京大学出版社,2019.12(2025.1 重印)
ISBN 978 - 7 - 305 - 22737 - 0

Ⅰ. ①锅⋯ Ⅱ. ①苏⋯ ②范⋯ Ⅲ. ①锅炉—课程设计—高等学校—教学参考资料 Ⅳ. ①TK22 - 41

中国版本图书馆 CIP 数据核字(2019)第 264911 号

出版发行 南京大学出版社
社 址 南京市汉口路 22 号 邮 编 210093
书 名 **锅炉课程设计指导**
GUOLU KECHENG SHEJI ZHIDAO
主 编 苏 磊 范红途
责任编辑 朱彦霖 单 宁 编辑热线 025 - 83597482
照 排 南京开卷文化传媒有限公司
印 刷 广东虎彩云印刷有限公司
开 本 787 mm×1092 mm 1/16 印张 11.5 字数 280 千
版 次 2019 年 12 月第 1 版 2025 年 1 月第 3 次印刷
ISBN 978 - 7 - 305 - 22737 - 0

定 价 38.00 元
网 址:http://www.njupco.com
官方微博:http://weibo.com/njupco
微信服务号:njuyuexue
销售咨询热线:(025)83594756

* 版权所有,侵权必究
* 凡购买南大版图书,如有印装质量问题,请与所购
  图书销售部门联系调换

前　言

　　锅炉课程设计是"锅炉原理"课程的重要教学实践性环节,它将"锅炉原理"课程理论知识与具体生产实践相结合,对学生创新能力的培养、实践能力的加强起着重要的作用。通过课程设计应达到以下目的:对锅炉原理课程的知识进行巩固、充实和提高;掌握锅炉机组的热力计算方法,学会使用热力计算标准,具有综合考虑锅炉机组设计与布置的初步能力;培养学生查阅资料、合理选择和分析数据的能力;培养学生对工程技术问题严肃认真和负责的态度。

　　本书以紧密配合教学为原则,结合工程实践项目经验,以国产 220 t/h 高压煤粉锅炉为对象,对各受热面的结构设计和热力计算过程进行了详细说明,并辅之以方框图,便于读者理解;对各个受热面的计算误差要求进行了说明。

　　本书由南京工业大学苏磊、范红途共同编写。在本书编写过程中,得到张素军、朱林、史玉涛、王舒弘、庄志等老师和同学的大力帮助,在此深表感谢。

　　由于编者水平有限,书中难免存在不足之处,欢迎读者批评指正。

编　者

2019 年 9 月

目　　录

第一章　锅炉课程设计概述

第一节　概　述

一、锅炉课程设计的目的

锅炉课程设计是锅炉原理的重要教学实践环节。通过课程设计,使学生对锅炉原理课程的知识得以巩固、充实和提高;掌握锅炉机组的结构设计及热力计算方法,学会使用与热力计算相关的标准或规范,培养综合考虑锅炉机组设计与布置的初步能力;培养学生查阅资料和分析数据的能力,提高学生运算、绘图等基本技能;培养学生对待工程技术问题的严肃认真和负责的态度。

二、锅炉课程设计的内容

本书的设计任务是根据一台给定规范和形式的高压自然循环煤粉锅炉的原始资料,进行锅炉的结构设计和热力计算。

1. 锅炉设计计算时应具备的原始资料

(1) 课程设计任务及其要求;

(2) 锅炉的主要参数,包括锅炉蒸发量、给水的温度和压力、过热蒸汽的压力和温度、汽包压力等;

(3) 给定的燃料及其特性;

(4) 锅炉概况,如锅炉结构和受热面布置、制粉系统、燃烧及排渣方式以及连续排污量等;

(5) 锅炉结构简图、烟风和汽水系统流程简图等。

在设计计算时,锅炉的排烟温度和过热空气温度应预先选定,炉膛出口烟气温度和烟道各部分的烟气温度,以及汽水流程中各受热面进出口处水和蒸汽的温度和焓,应根据技术要求在合理的范围内选定。

2. 课程设计内容

(1) 煤的元素分析数据校核和煤种判别;

(2) 锅炉的整体布置,绘制锅炉结构简图和汽水系统流程简图;

(3) 理论工况($\alpha=1$)时的燃烧计算,空气量平衡计算及锅炉通道内烟气特性参数计算;

(4) 绘制烟气温焓表;

(5) 锅炉热平衡计算和燃料消耗量的估算;

(6) 锅炉炉膛及燃烧器的结构设计及热力计算;

（7）按烟气流向对各受热面依次进行结构设计和热力计算；

（8）锅炉整体计算误差的校验和热力计算结果汇总；

（9）绘制锅炉各受热面的结构简图及锅炉总图；

（10）编写课程设计报告。

三、锅炉课程设计的要求

随着科学技术的进步和国家对节能、环保要求的提高，电力工业的发展日益受到资源和环境等因素的制约，以降低能源消耗、减少污染物排放为目标的节能减排能力已成为衡量一个企业竞争力的首要标准。因此，科技工作者在锅炉设计时应着重考虑以下几个方面：

（1）选用合适的炉膛尺寸及热负荷指标，采用先进的燃烧方式和燃烧设备，在保证炉膛不结渣和不产生水冷壁高温腐蚀的前提下，提高锅炉的燃烧效率、减小炉内烟气温度及速度偏差、降低锅炉 NO_x 排放。

（2）采用成熟可靠的受热面布置方式，减小汽温偏差，保证受热面安全可靠。

（3）具有较好的煤种适应性和低负荷稳燃性能以及良好的启、停及调峰性能。

（4）采用先进可靠的计算方法，确保设计结果经得起实践的检验。

要达到上述要求，必须在进行广泛深入调查研究的基础上，综合运用相关的理论知识以及制造和运行方面的实践经验，结合国内外先进技术，在对各种技术方案进行精确计算分析的同时，通过试验对结果进行验证，从而评价各个方案的优势。

第二节　锅炉课程设计的方法

锅炉热力计算可分为设计计算和校核计算。两者的计算方法基本相同，都从燃料燃烧和热平衡计算开始，然后按烟气流向对锅炉机组的各个受热面（炉膛、屏式过热器、对流过热器、省煤器和空气预热器等）进行计算，其区别在于计算任务和所求数据不同。

设计热力计算是指进行新锅炉结构设计时的热力计算，简称设计计算。设计计算的任务是根据锅炉容量和参数、燃料特性以及各受热面边界处的水、汽、风、烟的温度，确定炉子和各受热面的结构和尺寸，计算出各受热面的面积、吸热量、介质速度等参数，同时也为锅炉其他的一些计算提供必要的原始资料。

校核热力计算是指新锅炉在设计计算基础上，根据已有锅炉的结构数据，进行非设计工况下炉子及各受热面的热平衡计算和受热面进出口水、汽、风、烟的温度、流量、流速和锅炉效率等参数的校核计算，简称校核计算。校核计算可以帮助人们正确制定出提高锅炉安全经济运行水平和改造锅炉的合理措施，同时也为锅炉的其他计算，如锅炉通风计算、强度计算以及水动力计算等提供有关的基础数据。

设计计算与校核计算在计算方法上是相同的，计算时所依据的传热原理、公式和图表也是相同的，仅计算任务和所求数据不同。锅炉的设计计算应先根据经验并参考同类型锅炉结构及燃料特性参数选取合适的设计参数，结合烟气、水（或水蒸气）或空气的进出口参数和换热量，再进行各受热面的换热面积计算，最后进行受热面的结构尺寸计算，以此作为各部件受热面的结构尺寸,然后进行校核计算,如布置不合适,修改后再进行校核计算。

对锅炉机组做校核计算时,烟气的中间温度、内部工质温度、排烟温度以及热空气温度等都是未知数,上述温度需先假设,然后用渐近法(渐次逼近法)去确定。

第三节　锅炉热力计算方法及允许误差

锅炉热力计算采用渐次逼近法。这是一种计算的方法,计算过程烦琐。在计算中,不仅烟气和工质在锅炉流程中的参数(如压力、温度等)是未知数,而且如排烟温度、热空气温度等终端参数也是未知的。在一个具体的计算式中往往会同时出现多个未知量,这就需要先假定一些量,然后通过计算去校准它。由于所求参数与假定参数值之间的相互联系和影响,一个参数往往需要多次假定才能最后确定。

在锅炉热力计算中确定一些主要参数时,如过热器出口汽温和锅炉排烟温度等,应保证有足够的准确性。但作为计算基础的某些数值,特别是对流传热系数,在确定时由于有较大的误差,希望用渐次逼近法达到最高准度的想法是无意义的,这样做的结果只不过加大了计算量而已。

表 1-1　热力计算允许误差

受热面	计算项	单位	误差计算式	允许误差值
炉膛	出口烟温	℃	$\vartheta''_l - \vartheta''_l{}^g$	≤±100
后屏	对流吸热量	%		≤±2
凝渣管	对流吸热量	%		≤±5
过热器	对流吸热量	%	$\dfrac{Q_{ph} - Q_{ch}}{Q_{ph}} \times 100$	≤±2
再热器	对流吸热量	%		≤±2
省煤器	对流吸热量	%		≤±2
	两级间接头水温	℃	$t'_{ss} - t''_{xs}$	≤±10
空气预热器	对流吸热量	%	$\dfrac{Q_{ph} - Q_{ch}}{Q_{ph}} \times 100$	≤±2
	两级间接头风温	℃	$t'_{sk} - t''_{xk}$	≤±10
	排烟温度	℃	$\vartheta_{py} - \vartheta_{py}^g$	≤±10
	热风温度	℃	$t_{rk} - t_{rk}^g$	≤±40
附加受热面	对流吸热量	%	$\dfrac{Q_{pj}^{d1} - Q_{pj}^{d2}}{Q_{pj}^{d2}} \times 100$	≤±10
锅炉	总换热量	%	$\dfrac{Q_r \dfrac{\eta}{100} - \sum Q\left(1 - \dfrac{q_4}{100}\right)}{Q_r} \times 100$	≤±0.5

注:表中 Q_{ph} 和 Q_{ch} 分别表示按热平衡方程式和传热方程式求取的吸热量。

锅炉热力计算允许误差见表1-1。应用渐次逼近法进行对流受热面的热力计算时,若计算误差超过表1-1中的允许值,需要重新估计烟温值。当$Q_{ph} < Q_{ch}$值时,第二次估计烟温时,应使该级受热面进出口处烟温差大于第一次计算时的烟温差;反之,则小于第一次计算时的温度差。

第二次估计的烟温值与第一次估计的数值之差最好不要超过50℃,此时对流传热系数可直接取用第一次计算值,而不必重算。重算的仅是传热温差,辐射吸热量,以及重新解热平衡方程式和传热方程式。

两次应用渐次逼近法后,如果计算误差仍超过允许误差时,则可用线性内插法直接确定烟温值,线性内插法有图解法和解析法两种。图解内插法如图1-2所示。

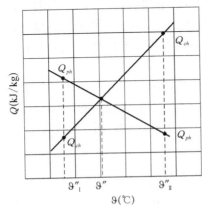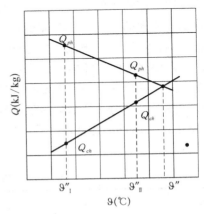

图1-2 确定烟气终温ϑ''的图解内插法

解析内插法可用下式确定烟气终温ϑ''值:

$$\vartheta'' = \vartheta''_{II} + (\vartheta''_{II} - \vartheta''_{I}) \frac{(Q_{ph} - Q_{ch})_I}{(Q_{ph} - Q_{ch})_I - (Q_{ph} - Q_{ch})_{II}} \; ℃$$

应用内插法求解的烟气终温值,若与计算传热系数时所采用的终温值之差未超过50℃,则仅需按内插法确定的终温值重新校准受热面的对流吸热量,以及用热平衡方程式去校准吸热工质的未知参数,即可结束该级受热面的计算。若内插法确定的烟气终温值与据以计算传热系数的终温值之差大于50℃,则必须按内插法确定的终温值重新进行全部计算,包括传热系数及传热温差的计算。

思　考　题

1. 设计任务书应提供哪些必要的资料?

2. 锅炉设计采用哪两种设计方法?

3. 什么是渐次逼近法?

第二章　锅炉形式及整体结构布置

第一节　锅炉形式及整体布置

一、锅炉的整体布置

锅炉的整体布置是指锅炉炉膛及其辐射受热面、对流烟道和其中的各种对流受热面的布置。锅炉整体布置的要求如下：① 运行的安全和经济性；② 节省投资；③ 管理和检修方便；④ 制造简单、运输方便和安装迅速；⑤ 锅炉的通用化。

锅炉整体布置不仅受蒸汽参数、容量、燃料性质的影响，同时要考虑整个电厂布置的合理性，各种汽水管道和烟风煤粉管道的合理布局等。

1. 蒸汽参数对受热面布置的影响

蒸汽参数的变化对于锅炉本体各个受热面间吸热量分配有很大的影响，吸热分配比例的不同，将直接影响受热面布置。工质在受热面吸收的总热量，按热力学可分为加热吸热量、蒸发吸热量和过热吸热量三部分。不同参数下工质吸热量的分配如表 2-1 所示。

表 2-1　锅炉工质吸热量的分配比例

蒸汽参数及给水温度			总焓增 (kJ/kg)	吸热量分配比例（%）		
汽压（MPa）	汽温（℃）	给水温度（℃）		加热 Q_{jr}	蒸发 Q_{zf}	过热/再热 Q_{gr}/Q_{zr}
1.3	350	105	2 708	14.3	72.4	13.3
3.9	450	150	2 697	17.6	62.6	19.8
9.9	540	215	2 522	20.3	49.7	30.0
13.8	540/540	240	2 777	20.5	36.2	29.6/13.7
16.8	540/540	265	2 645	22.5	28.1	34.3/15.1

注：① 总焓增值已考虑对再热蒸汽流量的折算。
　　② 表中的汽压指蒸汽的绝对压力。

当汽压升高，工质加热吸热量与过热吸热量（包括再热蒸汽的吸热量）增加，蒸发吸热量则减少。在锅炉的各受热面中，工质加热吸热主要靠省煤器完成，蒸发吸热主要靠水冷壁完成，而过热吸热则由过热器和再热器完成。对于不同参数的锅炉，其受热面布置考虑的参数也不尽相同。

对于中压锅炉，工质蒸发吸热量与炉内辐射受热面的吸热量大致相近，炉内布置水冷壁及炉膛出口有几排凝渣管束外，无须像低压锅炉那样，布置大量的对流锅炉管束。因此，中压锅炉大都是采用单汽包结构,工质加热吸热量由省煤器完成,当炉内辐射受热面的吸热量不能满足蒸发吸热量的要求时,可使省煤器部分沸腾。中压锅炉的过热器多采用对流式过热器,尽量布置在凝渣管后的高烟温区,以节约耐热钢材。空气预热器布置则需根据热空气温度的要求,设计成单级或双级形式。中压锅炉受热面的布置如图2-1所示的形式。

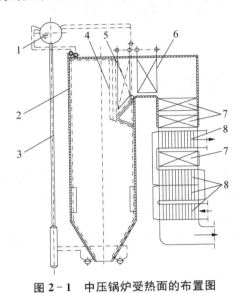 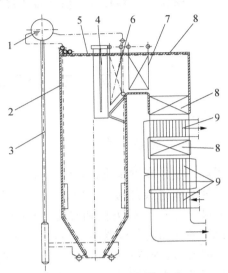

图2-1　中压锅炉受热面的布置图

1—汽包;2—水冷壁;3—集中下降管;
4—凝渣管束;5—高温对流过热器;
6—低温对流过热器;7—省煤器;8—空气预热器

图2-2　高压锅炉受热面的布置图

1—汽包;2—水冷壁;3—集中下降管;
4—屏式过热器;5—顶棚过热器;6—高温对流过热器;
7—低温对流过热器;8—省煤器;9—空气预热器

对于高压锅炉,工质加热和过热吸热量比例增大,蒸发吸热量比例减小。为保证炉膛内部足够的辐射放热量和烟温降低幅度,有必要将一部分过热器受热面移入炉膛,因此除对流过热器外,往往需要布置顶棚过热器和炉膛出口布置代替凝渣管束的屏式过热器。后两种过热器可在锅炉负荷变动时起到保持汽温平稳的作用。另外,高压锅炉因工质加热吸热量增加,而蒸发吸热量减少,锅炉中省煤器常采用非沸腾式省煤器,水冷壁的一部分实际上起了省煤器的作用,图2-2即一种高压锅炉受热面的布置型式。

2. 锅炉容量对受热面布置的影响

当蒸汽参数提高时,伴随着锅炉容量的增加,炉膛容积也正比的增加。但是,炉膛壁面面积并非与其容积成正比地增加。所以,随着锅炉容量的增加,能布置水冷壁的炉内表面积相对减小。容量增大,炉壁面积增加慢的矛盾更为显著。而炉膛高度又有一定的限制,为了使炉膛出口烟温不致过高而引起严重结渣,不仅在炉膛内需要布置更多的辐射式、半辐射式过热器,而且常需在炉膛中装设双面水冷壁,使烟气在炉膛中得到足够的冷却。

同样理由,随着锅炉容量的增大,炉膛宽度(尾部烟道宽度)也相对减小,这样就会影响到尾部受热面的布置。为了使尾部受热面的工质流速不因尾部烟道宽度的相对减小而增大,在设计高参数锅炉时尾部省煤器和空气预热器均采用双级双流布置。对于超高参数以上的锅炉,有时尾部受热面即使采用了双级双流布置还难解决问题,同时还会有尾部受热面尺寸太大而使烟气难以分布均匀,因此有时就将空气预热器移至炉外,且采用比较紧凑的回转式空气预热器,省煤器则采用单级的非沸腾式结构布置在尾部烟道内。

3. 燃料性质对受热面布置的影响

由于燃料性质对锅炉热力工况的影响,所以燃料的多样性导致了锅炉受热面采用多种布置方式。就固体燃料而言,煤的发热量、挥发分、水分、灰分、硫分及着火点等性质,对受热面的布置均有影响。可以从燃料消耗量的多少、着火难易、烟气量的改变、结渣、积灰、磨损、腐蚀的轻重等方面逐一进行分析,来考虑受热面的布置应采取的措施。

相同容量和参数的锅炉,如使用的燃料特性和成分不同,则受热面布置各有变化。

发热量较低的煤,燃料消耗量较多,理论燃烧温度降低,炉膛出口烟温可能变化。因此,影响了炉内传热与对流换热的比例分配,锅炉各部分受热面积也随之改变。

水分较大的煤,炉内燃烧温度降低、烟气量增加,炉内辐射热量减少,对流受热面吸热量增加。同时,水分多的煤需要较高的热空气温度,需布置更多的空气预热器受热面。

挥发分较低的煤,不易着火和燃尽,炉内火炬长度应保证大一些,炉膛高度高一些,同时,热空气温度也要高一些。另外,为保证燃料充分燃尽,低挥发分的煤还要求较大的过量空气系数,从而使炉内燃烧温度降低和烟气量增加,改变了辐射换热与对流换热的分配比例。

灰分较多的煤,会引起对流受热面的强烈磨损,当灰的变形及软化温度不高时,还容易引起炉膛内或其出口处密集对流受热面的结渣。前者影响对流受热面的烟速选择,后者影响炉膛出口温度的选择,使辐射换热与对流换热的比例改变,受热面的结构和大小都要相应改变。

硫分比其他的成分少得多,对燃料燃烧后烟气容积的影响不是太大,主要影响烟气露点,因此,硫分不同,应选取不同的排烟温度和低温受热面结构。但是,实际上对于多硫燃料,用提高排烟温度来解决低温腐蚀问题是不合算的。因此,排烟温度的选择必要时亦可不考虑这个因素,而采取其他措施来减轻低温腐蚀。这样对受热面布置影响就比较小,或仅使它影响最末级受热面的结构。

为便于锅炉的制造和大量生产,提出锅炉的通用化要求,即同一容量和参数的锅炉,燃料性质相近的锅炉结构可以完全相同,燃料性质相差较大时,结构上仅做局部改变。如在设计通用化锅炉时,炉膛的容积热强度 q_v 值应选取低些,以满足通用燃料中 q_v 的最低需要值;过热器可按通用燃料中烟气容积 q_v 最小和对流换热比例最小的燃料设计;省煤器可按需要最大的传热面积的燃料来设计布置;对流受热面的烟气流速按最大灰分的燃料来选取等。当然,搞通用化设计会使金属耗量增加,原因在于通用化锅炉按在条件最不利时仍保证运行的安全与经济而设计,致使设备投资增加。因此,锅炉的通用化尚受上述原因的限制。

二、锅炉的外形布置

锅炉外形布置主要分为 Ⅱ 形、Γ 形、T 形、塔形、半塔形、箱型等几种,如图 2-3 所示。其中 Ⅱ 形和塔形布置在世界各国采用最多。

锅炉整体外形选择的原则是要使锅炉在安全、经济的条件下,尽可能具有最小的体积。锅炉外形布置的主要区别在于炉膛与对流烟道的相对位置不同,以及对流烟道的数量不同等。

1. Ⅱ 形布置

Ⅱ 形布置是国内外大中容量锅炉采用的最广泛的一种布置型式,是所有直流锅炉与煤

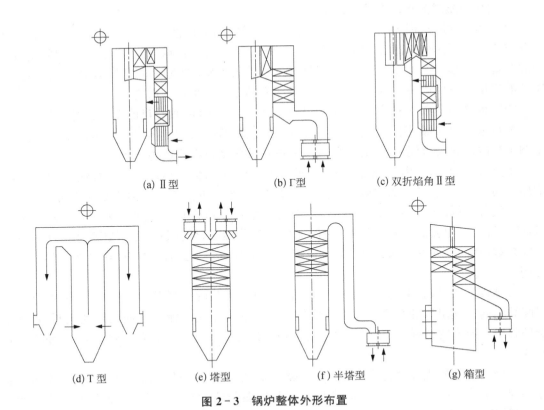

(a) Ⅱ型　　　　　　(b) Γ型　　　　　　(c) 双折焰角Ⅱ型

(d) T 型　　　　　　(e) 塔型　　　　　(f) 半塔型　　　　　(g) 箱型

图 2-3　锅炉整体外形布置

粉汽包锅炉的典型炉型。这种型式的锅炉整体由垂直的柱体炉膛、转向室及下行对流烟道三部分组成。它具有受热面布置方便且易于逆流形式布置受热面,锅炉构架负荷低,连接管路短,尾部受热面有自吹灰作用等优点;但占地面积大,转向室无法有效利用,容易引起尾部受热面的局部磨损。本课程设计锅炉选用Ⅱ形布置。

2. 塔形布置

这是一种单烟道或单流程布置的锅炉,采用的国家较多,适用于燃油、燃气或低灰分的固体燃料。它的烟道径直向上发展,对流受热面全部布置在炉膛上方的烟道里。

塔形布置的优点是:占地面积较小,燃烧器布置方便,烟气冲刷均匀,通风阻力小,磨损轻(20%),受热面全部水平布置,易于疏水。主要缺点是:过热器、再热器布置得很高,蒸汽管道较长;送、引风机及除尘设备位于顶部,增加了厂房构架和锅炉构架的负载,使造价提高,设备的安装及检修较复杂。

第二节　锅炉的热力系统

锅炉的热力系统是指锅炉各受热面沿烟气流程布置的位置和相互间热量分配的关系,是针对锅炉运行的可靠性和经济性提出的最基本要求。当锅炉蒸汽参数、容量和燃用的燃料不同时,达到上述要求所采用的具体措施也不同,使锅炉的热力系统有所不同。

一、中参数中容量锅炉的热力系统

图 2-4 以国产 130 t/h 中压锅炉为例,给出了中参数中容量锅炉的热力系统。

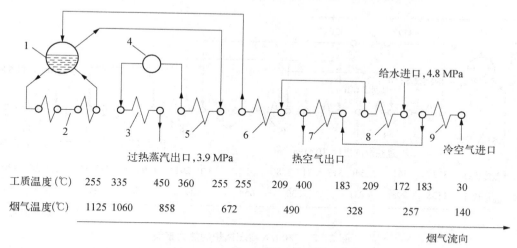

图 2-4　130 t/h 中压锅炉的热力系统
1—泡包;2—水冷壁、凝渣管;3—高温过热器;4—减温器;5—低温过热器;
6—第二级省煤器;7—第二级空气预热器;8—第一级省煤器;9—第一级空气预热器

中参数中容量锅炉(3.9 MPa、450 ℃、35~130 t/h)是由过热器、省煤器及空气预热器组成的一个整体。炉膛中布置辐射蒸发受热面。对流过热器前布置有由后墙水冷壁延伸拉稀而成的凝渣管束,作为炉膛出口烟气通道并起着防止过热器结渣的作用。对流过热器分为两级,第一级(低温级)布置在较低烟温区,第二级(高温级)布置在高烟温区。第一级与烟气成逆流布置,可提高工质平均传热温差,节约受热面金属。第二级与烟气成顺流布置,使蒸汽出口处于较低烟温处,管壁金属工作安全可靠。过热器以后依次布置省煤器和空气预热器,并为逆流布置。

由于中参数锅炉过热蒸汽温度较高(450 ℃),过热器尽量布置在高烟温对流区是适宜的。这样可以提高传热温差,节约耐热钢材。但烟温亦不能太高,以免过热器结渣和管壁金属温度过高。因此,过热器一般布置在凝渣管以后,使其进口烟温在 1 000 ℃ 左右。

中参数锅炉的热空气温度一般要求在 200 ℃ 以上,因此必须用空气预热器,将其布置在烟气流程的最后部分。冷空气温度大约为 30 ℃,因此可有效地降低烟气温度,提高锅炉效率。如果热空气温度要求在 300 ℃ 以上,则可采用省煤器与空气预热器双级交错布置系统。但如用回转式空气预热器,仍可用单级空气预热器而使空气加热到 330~350 ℃。

对于 9.9 MPa、180~220 t/h 的锅炉,如汽温为 510 ℃,仍可采用上述热力系统。

二、高参数大容量锅炉的热力系统

高参数大容量锅炉(9.9 MPa,540 ℃,容量≥220 t/h)由于工质过热吸热量份额增多,完全采用对流过热器将使过热器的金属消耗量过多,布置位置也较困难,因此可采用部分辐射式即半辐射式(屏式)过热器,布置在炉顶及炉膛出口处,蒸汽先经过这些部件后再进入对流过热器。但当锅炉容量大于 410 t/h 时,需在炉膛上部装置屏式过热器,这样可降低炉膛出口的烟气温度。一般来说,高参数锅炉过热器的吸热量中辐射热量占比份额约为 20% 左右。高参数锅炉的热力系统的其他部分和一般中参数锅炉类似。图 2-5 所示为国产 220 t/h 高压锅炉的热力系统。

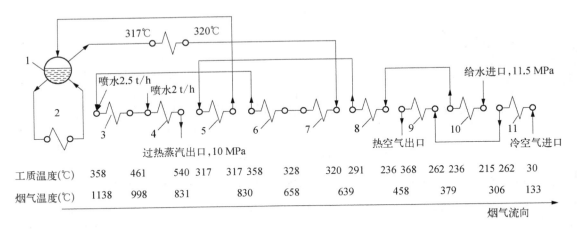

工质温度(℃) 358　461　540 317　317 358　328　320 291　236 368　262 236　215 262　30

烟气温度(℃) 1138　998　831　830　658　639　458　379　306　133

烟气流向

图 2-5　220 t/h 高压锅炉的热力系统

1—汽包;2—水冷壁;3—屏式过热器;4—高温过热器;5—省煤器引出管;6—低温过热器;7—烟井包覆管;8—第二级省煤器;9—第二级空气预热器;10—第一级省煤器;11—第一级空气预热器

第三节　锅炉的汽温调节

维持稳定的过热汽温和再热汽温是保证锅炉机组运行安全和经济所必须的。电厂锅炉要求蒸汽温度与额定温度的偏差值在 −10～+5 ℃ 以内,且锅炉负荷在 70%～100% 内能维持额定蒸汽温度。

汽温调节主要有两种方式,蒸汽侧调温和烟气侧调温。蒸汽侧调温是指通过改变蒸汽热焓来调节汽温的方法,主要有喷水减温器、面式减温器和汽-汽热交换器等方法。前两种方法用于调节过热蒸汽的汽温,使用的减温水可以是给水或自制冷凝水,其中,面式减温器法一般应用于中压电站锅炉或低压工业锅炉。汽-汽热交换法常用于调节再热蒸汽的汽温,其调温原理是利用过热蒸汽来加热再热蒸汽,以达到调节再热汽温的目的。烟气侧调温是通过改变锅炉内辐射受热面和对流受热面的吸热量分配比例来调节汽温的方法,主要有烟气再循环法、烟气挡板法和改变火焰中心位置法;这些方法主要用于调节再热汽温,但也会影响过热汽温。

汽温调节方法的基本要求是:调节范围要大,结构简单可靠,对循环效率的影响要小,附加的金属和设备要少。

喷水减温法是直接将水喷入到蒸汽中,使水在加热、蒸发和过热的过程中吸收蒸汽的热量,使汽温降低,达到调节过热汽温的目的。喷水减温法调节灵敏、惯性小、易于实现自动化,加上调温范围大,结构简单,所以在电站锅炉上获得了普遍应用。

中压锅炉一般采用一级喷水减温方法来调节过热汽温,减温器布置在低温过热器出口和高温过热器进口的连接管路上。高压及以上锅炉一般采用二到三级喷水减温器进行汽温调节,其中,高压自然循环锅炉常用二级喷水,第一级布置在屏式过热器前,喷水量大些,起保护屏的作用和过热汽温的粗调;第二级布置在末级过热器前,对过热汽温进行微调,以保证过热器的出口汽温。现在大型锅炉一般采用给水作为减温水,设计喷水量约为锅炉额定蒸发量的 5%～8%。

第四节　锅炉的排烟温度和热空气温度的选择

一、排烟温度的选择

锅炉排烟温度是直接影响锅炉运行经济性和尾部受热面工作安全性的主要因素之一。锅炉设计时排烟温度的选择主要依据以下原则:

1. 降低排烟热损失

选择较低的排烟温度,可提高锅炉的热效率,降低发电煤耗。

2. 减少低温受热面的金属消耗量

选择过低的排烟温度,会减小尾部受热面中烟气和工质的传热温差,增加换热器金属消耗量,使换热器结构庞大,成本增加,布置困难。

3. 避免受热面的低温腐蚀和严重积灰

排烟温度过低会使尾部受热面金属壁温降低,当受热面金属壁温等于或低于烟气中硫酸蒸汽的露点温度时,硫酸蒸汽凝结在受热面壁面上,造成受热面低温腐蚀,并导致严重积灰甚至堵灰,缩短设备的使用寿命,提高烟道阻力,增加引风机的功率消耗。

根据燃料含硫量的大小,排烟温度可选择不同的数值,一般燃煤电站锅炉的排烟温度选择范围为 120～140 ℃。

小型锅炉与大中型锅炉相比,小型锅炉单位蒸汽的燃料消耗量的绝对数值较大,为提高锅炉效率,排烟温度相应取得低一些。蒸汽参数高的锅炉,给水温度较高,为了保证尾部受热面的温度差,锅炉排烟温度比中参数锅炉的选取值高一些。我国大中型锅炉的排烟温度,多在 110～160 ℃内,一般很少采用低于 120 ℃的排烟温度。

二、热空气温度的选择

热空气温度主要依据燃料的着火特性和燃烧稳定性来决定,同时需要考虑空气预热器金属耗量和结构紧凑性以及是否易于布置等因素。此外,热空气温度还与制粉系统干燥剂的种类、炉型等因素有关。对于液态排渣炉,为保证炉内高温,顺利造渣及流渣,热风温度应取得高些。采用管式空气预热器的锅炉,当热空气温度要求达到 300 ℃以上时,受热面需要采用双级布置。其中,无烟煤热风温度一般取 380～430 ℃,贫煤、劣质烟煤为 330～380 ℃,热风干燥褐煤为 350～380 ℃,烟煤为 280～350 ℃。

第五节　燃　烧　系　统

锅炉燃烧系统的性能关系着锅炉的燃烧效率、热效率、环保性能和安全运行性能。现代锅炉一般要求燃烧系统能适应燃烧多种煤质,具有快速的负荷变化能力,降低污染物生成量,低负荷下不投油或少投油能稳定燃烧等,且燃烧设备应具有灵活多样的调节手段,同时保证炉内不发生明显的结渣和水冷壁的高温腐蚀。

锅炉的燃烧过程取决于燃料的燃烧特性,即指燃料的着火特性和燃尽特性。保证燃烧特性的主要条件是:① 燃料进入炉膛后及时、稳定地着火;② 控制燃烧速度,使燃料在炉内有足够的燃烧时间,能充分燃尽。

电站煤粉锅炉燃烧过程如下:当煤粉与空气的混合物进入炉内后,首先从高温烟气中吸收热量而升温,煤粉中一部分挥发分释放出来,当新燃料和空气的混合物达到着火温度时,最先析出的部分挥发分开始着火;接着残余挥发分继续燃烧,同时焦炭开始着火和燃烧。燃烧过程不断释放热量,使炉膛升温,并促进燃烧过程的加速发展,燃烧结束时,焦炭亦全部燃尽,最终形成灰渣。

锅炉炉内燃烧过程是由燃烧设备实现的,燃烧设备主要包括炉膛和煤粉燃烧器。炉膛结构分为正方形结构、长方形结构和 W 形火焰结构三种形式。煤粉燃烧器分为直流燃烧器和旋流燃烧器,其中,直流燃烧器的配风方式分为均等配风和分级配风两种方式。一般正方形炉膛采用直流燃烧器的四角切圆方式,而长方形炉膛采用前后墙对冲或交错布置的旋流燃烧器。

锅炉炉内换热指高温烟气和布置在内部的受热面的换热,换热形式主要为辐射换热,受热面主要是蒸发受热面,即水冷壁;随着锅炉参数的增加,炉内会增加辐射式过热器和炉膛出口的半辐射式过热器。

本锅炉课程设计为中压和高压自然循环煤粉锅炉,采用 Ⅱ 形锅炉、固态排渣方式、正方形炉膛、四角切圆燃烧方式、直流煤粉燃烧器,炉内布置膜式水冷壁。

锅炉燃烧系统须配有与煤种适应的磨煤机和制粉系统。无烟煤、劣质贫煤、发热量很低的硬褐煤和灰分较高的洗中煤一般采用低速钢球磨和热风送粉中间储仓式制粉系统;挥发分较高的贫煤可采用钢球磨和乏气送粉中间储仓式制粉系统;优质贫煤和烟煤一般采用中速磨煤机和直吹式制粉系统;软褐煤一般采用高速风扇磨煤机和直吹式制粉系统。其中,中间储仓式制粉系统分为热风送粉和乏气送粉两种方式,乏气送粉方式无需三次风,热风送粉有三次风。直流燃烧器配风方式分为均等配风和分级配风两种方式;其中,无烟煤、贫煤和劣质烟煤常采用分级配风方式,而挥发分较高的烟煤和褐煤采用均等配风方式。

第六节　省　煤　器　系　统

省煤器的作用是在给水进入水冷壁以前,将水进行预热,并借以回收锅炉排烟中的部分热量,提高经济性。

如图 2-6 所示,省煤器布置在锅炉的垂直烟道上部,采用光管蛇形管,错列排列,与烟气成逆流布置,并由悬吊管悬吊,悬吊管内的工质来自省煤器。其中,错列排列方式可强化烟气与水的对流传热效果,增加省煤器的烟气自吹灰能力。

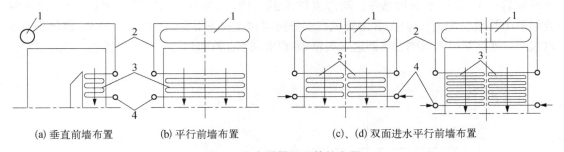

(a) 垂直前墙布置　　(b) 平行前墙布置　　　　(c)、(d) 双面进水平行前墙布置

图 2-6　省煤器蛇形管的布置

1—汽包;2—水连通管;3—省煤器蛇形管;4—进口集箱

为确保垂直烟道中烟气分布均匀,在烟道入口的后墙包覆管及省煤器进口处前后包覆管上均焊有烟气阻流板,以防止形成烟气走廊,造成局部磨损。同时,省煤器采用平行前墙双面进水布置方式,以降低局部磨损带来的维修成本和内部工质的流动阻力压头损失。

省煤器系统流程如下:给水由省煤器进口联箱流经省煤器管组、中间集箱和悬吊管汇合在省煤器出口集箱,再经后墙引出管进入汽包。

第七节　水冷壁系统

自然循环锅炉水冷壁系统是由汽包,下降管,分配水管,水冷壁下联箱,前墙、后墙及侧墙水冷壁管、水冷壁上联箱、汽水混合物引出管和汽水分离器组成的循环系统。自然循环的实质是由下降管和上升管(水冷壁管)内工质因密度不同而形成的重位压差作为运动压头克服系统循环流动阻力,推动工质在循环回路中流动。

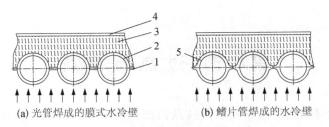

(a) 光管焊成的膜式水冷壁　　　(b) 鳍片管焊成的水冷壁

图 2-7　膜式水冷壁图

(a) 光管焊成的膜式水冷壁,(b) 鳍片管焊成的水冷壁

1—扁钢;2—水冷壁管;3—绝热材料;4—炉墙护板;5—鳍片管

其中,锅炉炉膛四周的水冷壁由数百根管子并联组合成,它们分成几个或几十个独立的水循环回路。炉膛内布置水冷壁不仅可以防止高温火焰与炉壁直接接触,降低炉壁温度以

起到保护炉壁的作用;同时可充分利用高温辐射热强度高于对流热强度的特点,降低锅炉受热面的金属耗量和造价。

本课程设计水冷壁采用膜式水冷壁,多管屏垂直布置,水冷壁系统工作流程如下:汽包中的液态水通过下降管进入分配水管,分配水管把欠焓水送入水冷壁的下集箱,然后经膜式水冷壁管向上流动,水被加热并逐渐形成汽水混合物,汇集进入水冷壁上集箱,再经汽水混合物引出管被引入到汽包中,并由旋风汽水分离器和立式波形板将汽水进行分离,饱和蒸汽由汽包出口连接管引入顶棚过热器进口集箱,饱和水则留在汽包内进行多次自然循环汽化过程。

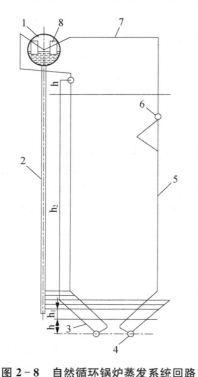

图 2-8 自然循环锅炉蒸发系统回路

1—汽包;2—下降管;3—分配水管;4—下联箱;5—上升管;6—上联箱;7—汽水引出管;8—旋风分离器

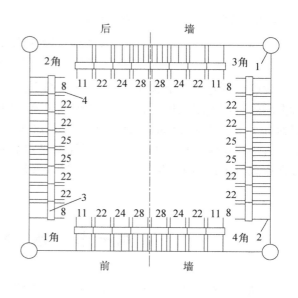

图 2-9 循环回路布置示意图

1—集中下降管;2—供水管;3—水冷壁下联箱;4—水冷壁管

第八节 过热器系统

中参数中容量煤粉锅炉过热器系统按蒸汽流向可分为:顶棚过热器、低温对流过热器和高温对流过热器。高参数大容量煤粉锅炉过热器系统按蒸汽流向可分为:顶棚过热器、包覆管过热器、低温对流过热器、后屏过热器和高温对流过热器。

一、过热蒸汽系统流程

高压锅炉的过热蒸汽流程:从汽水分离器引出的饱和蒸汽进入炉顶过热器进口集箱,

经顶棚过热器管束加热后至炉顶出口集箱,从炉顶出口集箱引出的蒸汽进入低温对流过热器管束,加热后流至过热器出口集箱,之后经第一级喷水减温器后进入后屏过热器进口集箱,流经后屏管束并被加热,之后进入后屏过热器出口集箱,蒸汽从后屏过热器出口集箱出来分两路分别进入高温对流过热器两侧冷段的进口集箱,经冷段过热器管束加热后流至冷段出口集箱,两侧冷段出口集箱的工质汇合后经第二级喷水减温器进入高温对流过热器热段进口集箱,经热段对流管束加热后流入热段出口集箱,再由出口集箱引出管引出至主蒸汽管道,并送往汽轮机高压缸,其流程如图 2-5 所示。

中压锅炉的过热蒸汽流程:从汽水分离器引出的饱和蒸汽进入炉顶过热器进口集箱,经顶棚过热器管束加热后至炉顶出口集箱,从炉顶出口集箱引出的蒸汽进入低温对流过热器管束,加热后流至过热器出口集箱,之后经一级喷水减温器后进入高温对流过热器进口集箱,经高温对流过热器管束加热后流至过热器出口集箱,再由出口集箱引出管引出至主蒸汽管道,并送往汽轮机高压缸,其流程如图 2-4 所示。

二、顶棚管和包覆管过热器

高参数大容量锅炉为了采用悬吊结构和敷管式炉墙,防止漏风,通常在炉顶布置顶棚过热器,在水平烟道和后部竖井烟道的内壁,像水冷壁那样布置过热器管,称为顶棚和包覆管过热器。这样,可将炉顶、水平烟道和后部竖井的炉墙直接敷设在包覆管上,形成敷管炉墙,从而减轻炉墙的重量,简化炉墙结构。

顶棚管和包覆管紧靠炉墙,此处烟气温度较低,辐射吸热量小,主要受烟气的单面冲刷,因烟速较低,故顶棚和包覆管过热器传热效果较差,吸热量很小。本课程设计锅炉为简化难度,高压和中压锅炉都不考虑包覆管过热器的吸热量,只考虑顶棚过热器。

三、后屏过热器和凝渣管

后屏过热器也称作半辐射式过热器,它既吸收烟气的对流热,又吸收炉内烟气及管间烟气的辐射热。后屏过热器在高压及以上大型锅炉中应用广泛,是因为受热面辐射吸热比例的增大改善了过热汽温的调节特性和机组对负荷变化的适应性,同时还可以减少受热面的金属耗量,降低炉膛出口烟温,防止密集受热面的结渣。但因其结构和受热条件差别较大,使其热偏差增大,因此要求后屏过热器管内蒸汽采用较高的质量流速[=700~1 200 kg/(m² · s)],使其管壁能够得到足够冷却。

凝渣管为布置在炉膛出口处由后墙水冷壁管拉稀而成的几排对流管束。烟气流过此管束后,烟温可降低数十度,烟气中携带的飞灰会因此而凝固,不致黏结在后面的密集过热器管子上造成烟气通路堵塞。凝渣管一般用于中压、低压锅炉中。

本课程设计高压锅炉的炉膛出口布置有后屏过热器,中压锅炉炉膛出口布置凝渣管。

四、高温对流过热器

高温对流过热器是纯对流式过热器,主要依靠对流传热从高温烟气中吸收热量。高温对流过热器是由大量平行连接的蛇形管束组成,其进出口与集箱连接,立式布置于屏式过热器或凝渣管后的水平烟道中。因高温对流过热器是过热蒸汽流程中的最末级,也是汽温最高的一级,为保证过热器蒸汽出口端壁温不致过高,常采用烟气与管内蒸汽为顺流或混合流的流动方式,或采用水平烟道分区分级布置方式,即水平烟道的两侧布置有高温对流过热器的冷段管束,采用逆流流动方式,而在烟道中部布置有高温对流过热器的热段管束,采用顺流方式。蒸汽先分成两股进入两侧冷段管束,出来汇合后再进入热段管束。减温器布置在冷段出口集箱和热段进口集箱中间的连接管上。管束为顺列布置,管圈可为单管圈或多管圈。

本课程设计中,高压锅炉的高温对流过热器采用水平烟道冷热段分级布置,冷段为顺列逆流,热段为顺列顺流布置,管圈根据锅炉容量确定;而中压锅炉中的高温过热器采用蒸汽先逆流后顺流,即蒸汽进口第一圈管束为逆流,从后拉向前,其余均为顺流,把靠近烟气侧的第一、二排管束拉成四排错列管,这样可使管束前几排的横向相对节距增加一倍,防止堵灰,其余均为顺列布置。

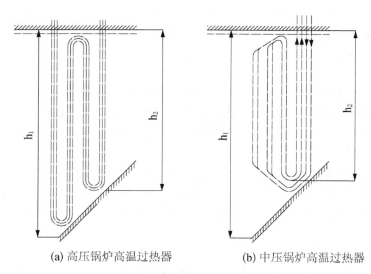

(a) 高压锅炉高温过热器　　　　　(b) 中压锅炉高温过热器

图 2-10　高温对流过热器布置图

五、低温对流过热器

低温对流过热器为纯对流式过热器,是过热器流程中的低温段,常布置在水平烟道或竖直烟井中。低温对流过热器进口蒸汽是从汽包引出的饱和蒸汽经顶棚过热器管束加热后的过热蒸汽。本课程设计锅炉中的低温对流过热器布置在水平烟道中,立式顺列逆流布置,为避免低温过热器出口管束与顶棚管交叉,最后一圈管束为顺流布置。

六、减温系统

本课程设计中的高压锅炉的过热器汽温采用两级喷水减温控制,第一级喷水减温器布置在低温对流过热器出口和后屏过热器进口的连接管道上,第二级布置在高温对流过热器冷段出口到热段进口之间的管道上,过热器喷水采用锅炉给水,减温水量为额定蒸汽量的3%～8%。中压锅炉一般采用面式减温器调节过热汽温,给水为冷却剂,减温水量占给水总量的30%～60%。

第九节 烟 风 系 统

一、烟气系统

炉膛中的产生的烟气流过水平烟道进入竖直烟井,经过省煤器加热省煤器中的水,之后进入空气预热器,加热冷空气,从空气预热器出来的烟气经过静电除尘器,脱硫设备等,排至烟囱。

二、空气系统

煤粉炉一次风的作用是干燥和输送煤粉,从大气中抽吸的空气通过一次风机,送入空气预热器被加热,热空气通过热风道送入磨煤机,干燥磨煤机中的煤粉,合格煤粉经一次风输送进入直流煤粉燃烧器的一次风喷口,输送进入炉膛提供煤粉着火所需的空气量。

二次风的作用是强化燃烧和控制 NO_x 生成量。从大气中吸入的空气通过送风机进入空气预热器预热成热空气,经二次风道进入大风箱,并由大风箱分配到各二次风喷嘴,并送入炉膛,提供煤粉后期燃烧和燃尽所需的空气量。

第十节 锅炉的炉墙及构架

锅炉炉墙起到隔绝炉内烟气与外界的换热和泄露,减少锅炉的散热损失的作用。锅炉炉墙一般要求具有良好的耐热性、绝热性和密闭性;有足够的机械强度,重量轻,结构简单,制作方便,价格低廉等。

锅炉炉墙有三种基本结构形式,重型炉墙、轻型炉墙和敷管式炉墙。现代大容量锅炉都采用敷管式炉墙。敷管式炉墙较薄,重量轻,消耗钢材少,成本低,且易做成任意形状,它又可以和受热面一起组装,从而使安装大大简化并加快进度。敷管式炉墙常采用敷管式水冷壁,炉墙直接贴敷在水冷壁上,炉墙内壁面温度一般不超过 400 ℃,炉墙直接用绝热层和密封层组成,所以也被称为"无炉墙锅炉"。

锅炉炉墙在设计时还应考虑在炉墙的不同部位设安全门、人孔、检查孔、点火孔、吹灰孔、打焦孔、测量孔和检修起吊孔(安装检修后堵死)。

锅炉构架(钢结构或钢筋混凝土结构)是用来支撑汽包、集箱、受热面、部分或全部炉墙、平台、扶梯和其他构件的结构。锅炉构架的形式和整个锅炉和其他的各部分结构有很大的关系,尤其和锅炉炉墙的型式密切相关。对锅炉构架的要求有:① 保证构架有足够的强度和最少的材料消耗,以省投资费用;② 构架的结构要便于制造、运输和安装;③ 柱、梁、斜撑应不妨碍锅炉各部件的检修、更换和运行操作等工作;④ 构架要有足够的刚性,不致因构架变形而引起锅炉各部件的相对位移和破坏连接处的严密性。

思 考 题

1. 叙述高压煤粉锅炉的主体受热面及其布置形式。
2. 根据什么因素确定尾部受热面是采用单级还是双级的布置形式?
3. 叙述高压煤粉锅炉的汽水流程。
4. 叙述高压煤粉锅炉的烟风系统流程。
5. 叙述高压煤粉锅炉中预热、蒸发及过热受热面的吸热量占锅炉有效吸热量的比例。
6. 根据什么选择排烟温度?
7. 根据什么选择热空气温度?
8. 分析汽水流程中各受热面工质质量流量的变化规律及与锅炉容量的关系。

第三章 辅 助 计 算

为便于开展锅炉各换热部件的结构设计和热力计算,首先应该根据任务书所提供的原始资料和数据,将热力计算中常用到的一些基本参数和数据,如烟气量、烟气成分、烟气特性表以及烟气温熔表等设计成计算图或计算表,以便在以后的计算中随时查用。这项工作是整个锅炉设计的基础,其准确性将影响整个锅炉的设计质量。

辅助计算包括以下内容:

(1) 燃料数据的分析和整理;

(2) 锅炉漏风系数的确定和空气量平衡;

(3) 燃料的燃烧计算及烟气参数的确定;

(4) 锅炉热平衡及锅炉热效率、燃料消耗量的估算。

第一节 燃料数据的分析和整理

燃料数据应符合锅炉热力计算的规定和要求。对燃煤来说,要求提供以下原始资料:

(1) 煤的收到基元素成分(C_{ar}、H_{ar}、O_{ar}、N_{ar}、S_{ar}、A_{ar}、M_{ar}),%;

(2) 煤的收到基低位发热量 $Q_{net.ar}$,kJ/kg;

(3) 煤的干燥无灰基挥发分含量 V_{daf},%;

(4) 灰的熔融特征温度(DT、ST、FT),℃;

(5) 煤的可磨性系数。

一、煤的元素分析数据校核和煤种判别

1. 煤的元素分析收到基各成分之和为 100%的校核

根据任务书给定的煤种成分,如果不符合热力计算的要求,则应用表 3-1 不同基准的换算系数获得煤的收到基成分,且应满足:

$$C_{ar} + H_{ar} + O_{ar} + N_{ar} + S_{ar} + A_{ar} + M_{ar} = 100\% \tag{3-1}$$

表 3-1 不同基准的换算系数

所求 已知	收到基	空气干燥基	干燥基	干燥无灰基
收到基	1	$\dfrac{100-M_{ad}}{100-M_{ar}}$	$\dfrac{100}{100-M_{ar}}$	$\dfrac{100}{100-M_{ar}-A_{ar}}$

已知＼所求	收到基	空气干燥基	干燥基	干燥无灰基
空气干燥基	$\dfrac{100-M_{ar}}{100-M_{ad}}$	1	$\dfrac{100}{100-M_{ad}}$	$\dfrac{100}{100-M_{ad}-A_{ad}}$
干燥基	$\dfrac{100-M_{ar}}{100}$	$\dfrac{100-M_{ad}}{100}$	1	$\dfrac{100}{100-A_d}$
干燥无灰基	$\dfrac{100-M_{ar}-A_{ar}}{100}$	$\dfrac{100-M_{ad}-A_{ad}}{100}$	$\dfrac{100-A_d}{100}$	1

注：上表中换算系数适用于除水分外的各种成分,挥发分和高位热值之间的换算。

2. 低位发热量的校验

根据门捷列夫公式计算收到基的低位发热量：

$$Q_{net,ar}=339\,C_{ar}+1\,030H_{ar}-109(O_{ar}-S_{ar})-25\,M_{ar} \tag{3-2}$$

当煤的 $A_d\leqslant25\%$,式(3-2)与实测发热量的差值<600 kJ/kg 时；或当煤的 $A_d>25\%$,式(3-2)与实测发热量的差值<800 kJ/kg 时,元素分析和发热量测定正确。

3. 煤种判别

根据任务书已知的燃料煤的成分数据,确定煤种类型、折算水分、折算硫分和折算灰分。

锅炉燃烧动力用煤的分类通常是依据煤种干燥无灰基挥发分 V_{daf} ,将其分为无烟煤、贫煤、烟煤、褐煤等。其中,无烟煤一般规定 $V_{daf}\leqslant10\%$,贫煤 $10\%<V_{daf}\leqslant20\%$,烟煤 $20\%<V_{daf}<37\%$,褐煤 $V_{daf}\geqslant37\%$ 。

另外,把发热量很低且很难燃烧的煤称为石煤和煤矸石。在以 V_{daf} 分类的基础上,无烟煤、烟煤和石煤又各按发热量的大小细分为Ⅰ类、Ⅱ类、Ⅲ类；Ⅰ类常指燃烧状况不好的劣质煤,Ⅱ类为燃烧状况较好的中等煤,Ⅲ类为优质煤。工业锅炉行业煤的分类见表3-2。

表3-2　工业锅炉用煤的分类

燃料类别		干燥无灰基挥发分 V_{daf} (%)	收到基低位发热量 $Q_{net,ar}$ (MJ/kg)
石煤、煤矸石	Ⅰ类	—	$\leqslant5.4$
	Ⅱ类	—	$>5.4\sim8.4$
	Ⅲ类	—	$>8.4\sim11.5$
褐煤		>37	$\geqslant11.5$
无烟煤	Ⅰ类	$6.5\sim10$	<21
	Ⅱ类	<6.5	$\geqslant21$
	Ⅲ类	$6.5\sim10$	$\geqslant21$
贫煤		$>10\sim20$	$\geqslant17.7$
烟煤	Ⅰ类	>20	$>14.4\sim17.7$
	Ⅱ类	>20	$>17.7\sim21$
	Ⅲ类	>20	>21

煤的折算水分、折算硫分、折算灰分的计算方法：

$$M_{zs}^{ar} = 4\ 187\ \frac{M_{ar}}{Q_{net.ar}} \qquad (3-3)$$

$$S_{zs}^{ar} = 4\ 187\ \frac{S_{ar}}{Q_{net.ar}} \qquad (3-4)$$

$$A_{zs}^{ar} = 4\ 187\ \frac{A_{ar}}{Q_{net.ar}} \qquad (3-5)$$

式中，M_{zs}^{ar}，S_{zs}^{ar}，A_{zs}^{ar}——燃料的折算水分，折算硫分和折算灰分，%。

当燃料折算成分 $M_{zs}^{ar} > 8\%$，$S_{zs}^{ar} > 0.2\%$，$A_{zs}^{ar} > 4\%$ 时，分别称为高水分、高硫分或高灰分燃料，在设计时应注意该类煤种。

第二节 燃料的燃烧计算

燃料的燃烧计算以单位质量（或体积）的燃料量为基础进行，包括燃烧计算、烟气特性计算、烟气焓计算。

一、理论空气量、理论烟气量和烟气成分容积的计算

每千克固体燃料完全燃烧时所消耗的最小空气量为理论空气量，生成的最少烟气量为理论烟气量。其中，CO_2 和 SO_2 合称为三原子气体，通常用 RO_2 表示；CO_2、SO_2 和 N_2 三种成分称为干烟气成分，干烟气和 H_2O 合称为湿烟气。为保证燃料的完全燃烧，实际燃烧提供的空气量都超过理论空气量，实际空气量与理论空气量的比值称为过量空气系数 α，此时生成的烟气量为实际烟气量。锅炉选用的过量空气系数对固态排渣煤粉炉来说与燃料的种类有关。固体燃烧燃烧生成的烟气成分、烟气量不仅与过量空气系数有关，还与烟气流动过程所经过的各个换热部件处的漏风量有关。

二、烟气特性表

1. 有关参数的选取

（1）炉膛出口过量空气系数

炉膛出口过量空气系数 α_l'' 与许多因素有关，如燃料种类、燃烧方式以及燃烧设备特性等，其值一般在 $1.1 \sim 1.25$ 的范围内变化，可从表 3-3 中选取。

表 3-3 炉膛出口过量空气系数

燃烧方式	燃 料	炉膛出口过量空气系数
固态排渣煤粉炉	无烟煤、贫煤及劣质烟煤	1.20～1.25
	烟煤、褐煤	1.15～1.20

（2）漏风系数

不同受热面的漏风系数也不同，可从表3-4中选取。

表3-4　额定负荷下各部件烟道漏风系数

各部件烟道名称	漏风系数 $\Delta\alpha$
制粉系统 　钢球磨煤机（中间仓储式） 　钢球磨煤机（直吹式） 　中速磨煤机（负压系统） 　高速磨煤机（风扇式磨煤机带有干燥管）	 0.06～0.1 0.04～0.06 0.02～0.04 0.2～0.25
炉膛 　凝渣管簇、屏式过热器 　高温级过热器、再热器（布置在水平烟道） 　低温级过热器、再热器（布置在下行竖井） 　省煤器（单级或每一级）	0～0.05 0 0～0.02 0～0.025 0～0.02
管式空气预热器 　单级布置 　两级布置的每一级	 0.03～0.05 0.02～0.03
再生回转式空气预热器	0.08～0.12

对于过热器、再热器和省煤器，漏风系数的参考数据是按水平烟道和下行竖井四周壁面布满包覆管膜式壁时给出的，当四周壁面不装设包覆管时，漏风系数会稍微大些。漏风系数的大小，在很大程度上取决于受热面的设计、制造和安装质量以及维护状况。对于现代锅炉，水平烟道和下行对流烟道四周壁面都采用膜式结构，在炉膛出口至省煤器出口的区间内，累加漏风数 $\sum\Delta\alpha$ 是很小的，最多不超过 0.05，常采用 $\sum\Delta\alpha\approx0$。对于再生回转式空气预热器，若采用双密封或英国 Howden 公司的 VN 密封技术，或密封区扇形板与转子之间的间隙采用自动可调系统，漏风系数可采用表3-4中的下限值。老式回转式预热器的漏风系数可能超过表中的上限值很多。

（3）飞灰系数

煤粉炉中，落到冷灰斗中的灰渣只占入炉总灰量的一小部分，所以由灰渣中的可燃物造成的机械（固体）未完全燃烧热损失通常只有 0.1%～1.0%，绝大部分机械未完全燃烧热损失是由飞灰中的可燃物造成的，1 kg 燃料燃烧产生的总灰量中的飞灰份额称作飞灰系数 α_{fh}，其选值一般为 0.85～0.95。

2. 空气平衡

根据表3-3，3-4选取适当的炉膛出口过量空气系数和各受热面烟道漏风系数，列整个锅炉各受热面空气平衡表10-3。也可以根据所决定的受热面布置情况，画出简图，标出炉膛出口 α''_l 和各受热面烟道的漏风系数 $\Delta\alpha$，最后计算各处的 α 值。

空气预热器出口热空气的过量空气系数：

$$\beta''_{rk}=\alpha''_l-\Delta\alpha_{lt}-\Delta\alpha_{zf} \tag{3-6}$$

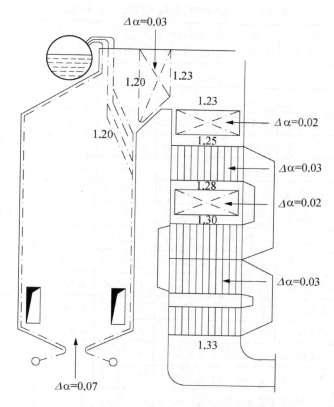

图 3-1 某台 130 t/h 锅炉炉膛及烟道漏风情况示意

燃烧器进口处热空气的过量空气系数：

$$\beta'' = \alpha''_l - \Delta\alpha_{lt} \qquad (3-7)$$

式中，$\Delta\alpha_{lt}$——炉膛漏风系数；$\Delta\alpha_{zf}$——制粉系统漏风系数。

3. 烟气特性表

计算锅炉中各受热面的烟道平均过量空气系数下的实际水蒸汽容积、烟气容积、水蒸汽容积份额、RO_2 容积份额、水蒸汽和 RO_2 总容积份额、烟气质量和质量飞灰浓度等参数，供各受热面计算使用。详见表 10-4。

三、烟气焓

1. 理论烟气的焓

理论烟气是多种成分的混合气体。由工程热力学可知，其焓等于各组成成分焓的总和，所以理论烟气的焓 h^0_y 计算公式：

$$h^0_y = V_{RO_2}(c\vartheta)_{RO_2} + V^0_{N_2}(c\vartheta)_{N_2} + V^0_{H_2O}(c\vartheta)_{H_2O} \qquad (3-8)$$

式中，$(c\vartheta)_{RO_2}$、$(c\vartheta)_{N_2}$、$(c\vartheta)_{H_2O}$——理论烟气中各成分在温度 ϑ ℃时的焓值（见表 3-5）。由于 $V_{CO_2} \gg V_{SO_2}$，且两者比热容相近，故取 $(c\vartheta)_{RO_2} = (c\vartheta)_{CO_2}$。

表 3 - 5 1 m³ 空气、各种气体及 1 kg 灰的焓

温度 ϑ (℃)	二氧化碳 $(c\vartheta)_{CO_2}$	氮气 $(c\vartheta)_{N_2}$	氧气 $(c\vartheta)_{O_2}$	水蒸汽 $(c\vartheta)_{H_2O}$	干空气 $(c\vartheta)_{gk}$	湿空气 $(c\vartheta)_k$	一氧化碳 $(c\vartheta)_{CO}$	飞灰、灰渣 $(c\vartheta)_{fh}$、$(c\vartheta)_{hz}$
	kJ/(N·m³)							kJ/kg
30						39		
100	170.03	129.58	131.76	150.52	130.04	132.43	130.17	80.8
200	357.46	259.92	267.04	304.46	261.42	266.36	261.42	169.1
300	558.81	392.01	406.83	462.72	395.16	402.69	395.01	263.7
400	771.88	526.52	551	626.16	531.56	541.76	531.56	360
500	994.35	663.8	694.5	794.85	671.35	684.15	671.35	458.5
600	1 224.66	804.12	850.08	968.88	813.9	829.74	814.44	559.8
700	1 461.88	947.52	1 004.08	1 148.84	959.56	978.32	960.4	663.2
800	1 704.88	1 093.6	1 159.92	1 334.4	1 107.36	1 129.12	1 108.96	767.2
900	1 952.28	1 241.55	1 318.05	1 526.04	1 257.84	1 282.32	1 259.64	873.9
1 000	2 203.5	1 391.7	1 477.5	1 722.9	1 409.7	1 437.3	1 412.6	984
1 100	2 458.39	1 543.74	1 638.23	1 925.11	1 563.54	1 594.89	1 567.28	1 096
1 200	2 716.56	1 697.16	1 800	2 132.28	1 719.24	1 753.44	1 723.32	1 206
1 300	2 976.74	1 852.76	1 963.78	2 343.64	1 876.16	1 914.25	1 880.45	1 360
1 400	3 239.04	2 008.72	2 128.28	2 559.2	2 033.92	2 076.2	2 038.4	1 571
1 500	3 503.1	2 166	2 294.1	2 779.05	2 193	2 238.9	2 198.7	1 758
1 600	3 768.8	2 324.48	2 460.48	3 001.76	2 353.28	2 402.88	2 359.36	1 830
1 700	4 036.31	2 484.04	2 628.54	3 229.32	2 513.96	2 567.34	2 520.25	2 066
1 800	4 304.7	2 643.66	2 797.38	3 458.34	2 676.06	2 731.86	2 682.18	2 184
1 900	4 574.06	2 804.21	2 967.23	3 690.37	2 838.41	2 898.83	2 844.68	2 358
2 000	4 844.2	2 965	3 138.4	3 925.6	3 002	3 065.6	3 007.8	2 512
2 100	5 115.39	3 127.53	3 309.39	4 163.25	3 165.53	3 233.79	3 171.42	2 640
2 200	5 386.48	3 289.22	3 482.6	4 401.98	3 329.7	3 401.64	3 335.2	2 760
2 300	5 658.46	3 452.3	3 656.31	4 643.47	3 494.62	3 570.75	3 499.45	
2 400	5 930.4	3 615.36	3 831.36	4 887.6	3 660.72	3 739.92	3 664.56	
2 500	6 202.75	3 778.5	4 006.75	5 132	3 825.75	3 909.5	3 830	

注：湿空气指每 1 kg 干空气带有 10 g 水蒸汽的空气。

2. 实际烟气的焓

实际烟气焓 h_y 等于理论烟气焓 h_y^0、过量空气焓 $(\alpha-1)h_k^0$ 和烟气中飞灰焓 h_{fh} 之和，即

$$h_y = h_y^0 + (\alpha-1)h_k^0 + h_{fh} \tag{3-9}$$

其中,飞灰焓 h_{fh} 为

$$h_{fh} = \frac{A_{ar}}{100}\alpha_{fh}(c\vartheta)_h \qquad (3-10)$$

式中,$(c\vartheta)_h$ ——1 kg 灰在 ϑ ℃时的焓(见表 3-5)。

飞灰的焓数值较小,因此只有在满足以下条件时才计算:

$$4\,187\frac{\alpha_{fh}A_{ar}}{Q_{net.ar}} \geqslant 6 \qquad (3-11)$$

在锅炉烟道中,沿着烟气的流程,不同部位的过量空气系数和烟温不同,因此烟气的焓也不同。在受热面的传热计算中,必须分别计算各个受热面所在部位的烟气焓并制成焓温表。利用焓温表,根据过量空气系数和烟气温度,可求出烟气的焓;反之,也可以由过量空气系数和烟气的焓查出烟气的温度。

为减少制表的工作量,烟气温焓表应根据锅炉受热面的工作温度(烟气区域)进行编制。锅炉各受热面一般工作的烟温区段如表 3-6 所示。

表 3-6 锅炉受热面工作的烟温区段

锅炉受热面	工作烟温区段(℃)	锅炉受热面	工作烟温区段(℃)
炉膛火焰中心	1 500~2 200	高温省煤器	300~500
炉膛出口	800~1 200	高温空气预热器	200~400
后屏过热器(凝渣管)	700~1 200	低温省煤器	100~300
高温对流过热器(按烟气流向)	600~800	低温空气预热器	100~200
低温对流过热器(按烟气流向)	400~700		

在计算烟气焓时,当需要计入飞灰焓时,飞灰份额可按表 3-7 选取。

表 3-7 锅炉灰分平衡的推荐值

锅炉炉型		α_{fh}	α_{hz}
固态排渣煤粉炉		0.9~0.95	0.05~0.10
液态排渣煤粉炉(开式)	无烟煤	0.85	0.15
	贫煤	0.8	0.2
	烟煤	0.8	0.2
	褐煤	0.70~0.80	0.20~0.30

3. 焓温表

烟气各成分焓温计算方法如下:

$$I_{RO_2} = (c\vartheta)_{CO_2}V_{CO_2}$$

$$I_{N_2}^0 = (c\vartheta)_{N_2}V_{N_2}^0$$

$$I^0_{H_2O} = (c\vartheta)_{H_2O}V^0_{H_2O}$$

$$I_{fh} = (c\vartheta)_{fh}\frac{A_{ar}}{100}\alpha_{fh}$$

$$I^0_y = I_{RO_2} + I^0_{N_2} + I^0_{H_2O} + I_{fh}$$

$$I^0_k = (c\vartheta)_k V^0$$

根据表 3-6,锅炉各受热面工作的烟温区段的烟气焓按 $I_y = I^0_y + (\alpha-1)I^0_k$ 计算,其中 α 为受热面出口处的空气过剩系数。

第三节　锅炉的热平衡计算

一、锅炉热平衡计算的步骤

锅炉热平衡计算的步骤如下:

(1) 计算锅炉输入热量(1 kg 燃料带入炉内的热量) Q_r;

(2) 根据燃料及燃烧方式,确定各项热损失 q_3、q_4、q_5、q_6;

(3) 根据假设或给定的排烟温度,计算排烟热损失 q_2;

(4) 计算锅炉效率 η_b;

(5) 计算锅炉有效利用热 Q_1;

(6) 燃料消耗量 B_r;

(7) 求取计算燃料消耗量 B_j。

二、锅炉输入热量及各项热损失

1. 锅炉输入热量 Q_r

对于燃煤或燃油锅炉,每千克燃料带入锅炉的热量为

$$Q_r = Q_{net,ar} + Q_{ph} + Q_{ex} + Q_{at} \tag{3-12}$$

式中,$Q_{net,ar}$——燃料收到基低位发热量,kJ/kg;

Q_{ph}——燃料的物理显热,kJ/kg;

Q_{ex}——用锅炉以外的热量加热空气时,空气带入锅炉的热量,kJ/kg;

Q_{at}——用蒸汽雾化燃料油时,雾化蒸汽带入锅炉的热量,kJ/kg。

输入热量中最主要的是燃料的燃烧热。由于锅炉排烟的温度都不低于 110～120 ℃,烟气中的水蒸气不可能凝结,因而锅炉中所能利用的只是燃料的低位发热量 $Q_{net,ar}$。

燃料的物理显热为

$$Q_{ph} = c_f t_f \tag{3-13}$$

式中,t_f——燃料的温度,℃;

c_f——燃料的比热容，kJ/(kg·℃)。

燃料油的比热按下式计算：

$$c_f = 1.74 + 0.002\,5\,t_f \tag{3-14}$$

固体燃料的比热容为

$$c_f = 4.19\frac{M_{ar}}{100} + \frac{100 - M_{ar}}{100}c_{f,d} \tag{3-15}$$

式中，$c_{f,d}$——燃煤的干燥基比热容，无烟煤和贫煤为 0.92，烟煤为 1.09，褐煤为 1.13，kJ/(kg·℃)。

对于燃煤锅炉，Q_{ph} 的值相对较小。如果没有外界热量加热燃料时，只有当燃煤的水分 $M_{ar} \geqslant \dfrac{Q_{net,ar}}{630}$ 时，才考虑这项热量。

用蒸汽雾化燃料油时，还应计入蒸气带入的热量 Q_{at}，按下式计算：

$$Q_{at} = G_{ar}(i_{ar} - 2\,500) \tag{3-16}$$

式中，G_{ar}——雾化燃料油的气耗量，kg 蒸汽/kg 油；

i_{ar}——雾化蒸汽的焓，kJ/kg；

2 500——雾化蒸汽随排烟离开锅炉时的焓，取其汽化潜热，即 2 500 kJ/kg。

燃烧所需空气在预热器中接收烟气的热量，进入炉膛以后这部分热量转化为烟气焓的一部分，后面在空气预热器中又由烟气传给空气，如此循环不断，故在锅炉热平衡计算中不予考虑。

如果空气在进入锅炉之前采用外界热量进行预热，如在前置预热器（暖风器）中利用汽轮机抽汽加热空气，此时空气带入热量可按下式计算：

$$Q_{ex} = \beta V^0(c_2 t_2 - c_1 t_1) \tag{3-17}$$

式中，β——通过暖风器的空气量与理论空气量之比；

c_2、c_1——暖风器出、入口处空气的比热容，kJ/(m³·℃)（标准状态下）；

t_2、t_1——暖风器出、入口处空气的温度，℃。

对于燃煤锅炉，如果燃料和空气没有利用外界热量进行预热，且燃煤水分 $M_{ar} < \dfrac{Q_{net,ar}}{630}$，一般取输入热量 $Q_r = Q_{net,ar}$。

2. 化学未完全燃烧热损失

化学未完全燃烧热损失 q_3 是指烟气中残留的 CO、H_2、CH_4 等可燃气体成分因未放出其燃烧热，而造成的热量损失占输入热量的百分率，其大小与燃料性质、炉膛过量空气系数、炉膛结构以及运行工况等因素有关。

一般燃用挥发分较多的燃料时，炉内可燃气体量增多，容易出现不完全燃烧。

炉膛容积过小、烟气在炉内流程过短时，会使一部分可燃气体来不及燃烬就离开炉膛，从而使 q_3 增大。

炉膛过量空气系数的大小和燃烧过程的组织方式直接影响炉内可燃气体与氧气的混

合,所以他们与未完全燃烧损失密切相关。若过量空气系数 α_l'' 取得过小,可燃气体将得不到充足的氧气而无法燃烧;若 α_l'' 取得过大,又会使炉内温度降低,不利于燃烧反应的进行,这都会增大 q_3。煤粉炉中 q_3 一般不超过 0.5%,对于大型锅炉一般为 0。

3. 机械未完全燃烧热损失

机械未完全燃烧热损失 q_4 是指灰渣(包括飞灰、炉渣、漏煤、烟道灰、冷灰渣等)中未燃尽可燃物造成的热损失占输入热量的百分率,它是燃煤锅炉主要的热损失之一,通常仅次于排烟热损失。影响这项损失的主要因素有燃烧方式、燃料性质、过量空气系数、燃烧器和炉膛结构以及运行工况等。对固态排渣煤粉炉来说,这项损失一般为 0.5%～5%;大型电站锅炉在燃用烟煤时,此项损失只有 0.5%～0.8%;而燃用气体或液体燃料的锅炉,在正常情况下这项损失近似为 0。

电站锅炉的 q_3、q_4 的一般数据见表 3-8。

表 3-8　电站锅炉 q_3 和 q_4 的一般数据

炉型	煤种	q_3 (%)	q_4 (%)	备　注	炉型	煤种	q_3 (%)	q_4 (%)	备　注
固态排渣煤粉炉	无烟煤	0	4～6	挥发分高取小值	液态排渣煤粉炉	无烟煤	0	3～4	挥发分高取小值
	贫煤	0	2			贫煤	0	1～1.5	挥发分高取小值
	烟煤	0	1～1.5	灰分大者取大值		烟煤	0	0.5	
	褐煤	0	0.5～1	灰分大者取大值		褐煤	0	0.5	

4. 散热损失

散热损失 q_5 随锅炉容量增加而减少。对于散热损失的测量在一般情况下非常困难,所以都是根据锅炉额定容量由图 3-2 来查取。

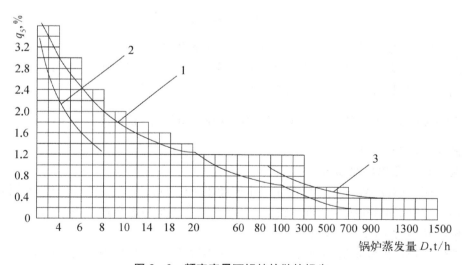

图 3-2　额定容量下锅炉的散热损失

1—有尾部受热面的锅炉机组;2—无尾部受热面的锅炉机组;
3—我国电站锅炉性能验收规范中有尾部受热面的锅炉机组的散热曲线

大型电站锅炉的散热损失都很小，$q_5 \approx 0.2\%$，保温系数 $\varphi \approx 0.998$。

5. 灰渣物理热损失

燃用固体燃料时，由于从锅炉冷灰斗中排出的灰渣还具有相当高的温度（$600 \sim 800\ ℃$）而造成的热量损失称为灰渣物理热损失 q_6。它的大小取决于燃料的灰分、燃料的发热量和排渣方式等。灰分高或发热量低或排渣率高的锅炉这项热损失就大一些。例如，液态排渣方式的锅炉以及沸腾炉等，灰渣物理热损失就比较大。对于固态排渣的煤粉炉，只有当燃用多灰燃料 $\left(A_{ar} \geqslant \dfrac{Q_{net.ar}}{419} \right)$ 时才计及灰渣物理热损失，其损失以下式计算：

$$Q_6 = \alpha_{hz} \ (ct)_{hz} \ \frac{A_{ar}}{100} \tag{3-18}$$

$$q_6 = \frac{Q_6}{Q_r} \times 100 \tag{3-19}$$

式中，α_{hz}——灰渣中灰分的份额，按表 3-7 查取；

$(ct)_{hz}$——1 kg 灰渣的焓，根据灰渣温度由表 3-5 查取。

6. 排烟热损失

排烟拥有的热量将随烟气排入大气而不能得到应用，造成排烟热损失。但排烟的热量并非全部来自输入热量，还包括冷空气带入炉内的那部分热量。因此，在计算排烟热损失时应扣除这部分热量。故锅炉的排烟热损失为

$$Q_2 = (I_{py} - I_{lk})\left(1 - \frac{q_4}{100} \right) = \left[I_{py} - \alpha''_{ky} V^0 \ (ct)_{lk} \right]\left(1 - \frac{Q_4}{100} \right) \tag{3-20}$$

$$q_2 = \frac{Q_2}{Q_r} \times 100 \tag{3-21}$$

式中，I_{py} ——排烟焓，按排烟过量空气系数 α''_{ky} 和排烟温度 ϑ_{py} 计算，kJ/kg；查表 10-5；

I_{lk}——冷空气的焓，kJ/kg；

$(ct)_{lk}$——1 m³ 冷空气的焓，kJ/m³（标准状态下），计算中一般取 $t = 20 \sim 30\ ℃$。

排烟热损失是锅炉机组热损失中最大的一项，现代电厂锅炉的排烟热损失一般为 $5\% \sim 6\%$。排烟温度 ϑ_{py} 越高，排烟损失就越大。一般 ϑ_{py} 每增高 $15 \sim 20\ ℃$。会使 q_2 增加约 1%。降低排烟温度虽然可以节约燃料，但会使锅炉机组最后受热面的传热温差减少，这就需要用更多的受热面积。其结果是锅炉金属耗量增加，通风阻力和风机电耗也随之增加，而且为了布置更多的受热面，锅炉的外形也得加大。

表 3-9 为锅炉的排烟温度的推荐值，可供参考。

表 3-9 锅炉的排烟温度 ϑ_{py} 推荐值

燃料水分	排烟温度（℃）	
	给水温度 $t_{gs} = 150 \sim 172$	给水温度 $t_{gs} = 215 \sim 280$
$M_{zs}^{ar} < 3\%$（干燃料）	110~120	120~130
$M_{zs}^{ar} = 3 \sim 20\%$（湿燃料）	120~130	140~150
$M_{zs}^{ar} > 20\%$（很湿燃料）	130~140	160~170

注：M_{zs}^{ar} 为燃料的折算水分。

当燃料含硫量较多,金属壁温低于烟气露点温度时,为保证锅炉排烟温度能按上述数值选取,空气预热器必须采取防止低温腐蚀的措施。

此外,排烟温度的选择还与尾部除尘和烟气净化设备有关。

已知各项损失后,利用反平衡方式求出锅炉效率 η_b,计算出锅炉有效利用热 Q_1,进而算出锅炉燃料消耗量 B_r,求取计算燃料消耗量 B_j。

思 考 题

1. 进行煤种判别及煤的发热量、折算灰分、水分和硫分的分析的意义何在?

2. 如何根据煤种选择合适的制粉系统和磨煤机?

3. 如何考虑锅炉热平衡计算中的各项热损失?

4. 为什么要求取计算燃料消耗量?

第四章　炉膛结构设计及热力计算

炉膛的结构设计及热力计算内容包括：炉膛结构设计、炉膛水冷壁结构布置、炉膛结构尺寸特性计算，燃烧器型式的选用、布置及燃烧器结构特性计算，炉膛辐射换热热力计算以达到正确组织煤粉的燃烧，计算燃料在炉膛内部的放热量，获得炉膛出口烟气温度的目的。

第一节　炉膛及水冷壁的结构设计

一、炉膛结构设计

炉膛的形状和容积应能保证燃料能够充分燃烧，使火焰不贴壁、不冲墙、充满度高、壁面热负荷均匀，且能长期可靠安全的运行，同时还应满足结构紧凑、便于制造、安装、维修和运行的要求。

本课设只介绍 Π 型布置的锅炉炉膛结构设计。炉膛结构一般如图 4－1 所示，从下而上，分别为冷灰斗、炉膛主体和炉顶。

1. 炉膛容积及炉壁面积确定

炉膛容积的边界范围（见图 4－2 阴影线内）是指水冷壁管中心线所在平面或者是绝热保护层的向火表面，在不敷设水冷壁的地方则是炉膛的壁面。炉膛出口边界是通过凝渣管或屏式过热器第一排管子中心线的平面（前屏包括在炉膛内）。炉顶以顶棚管中心线所在平面为界，炉底以冷灰斗半高平面为界。

炉壁面积 A_l 是以包覆炉膛有效容积的表面尺寸来计算的。

炉膛容积 V_l 随锅炉蒸发量 D 和燃料种类而异。设计炉膛时，已知燃料收到基低位发热量 $Q_{net,ar}$ 和燃料消耗量 B_j，根据选取的炉膛容积热强度 q_v（见表 4－1），可以求得炉膛容积：

$$V_l = \frac{B_j Q_{net,ar}}{q_v} \tag{4－1}$$

这种根据燃烧条件确定的炉膛容积是初步的，还要进行结构设计，安排辐射受热面，校核炉膛出口烟气温度是否合理后，炉膛的容积才能最后确定。

对于蒸发量大于 400 t/h 的煤粉炉，炉膛容积应按烟气冷却条件（即按炉膛出口烟气温度）来确定，q_v 应选得比保证完全燃烧所需的数值小，以便布置较多辐射受热面冷却烟气。

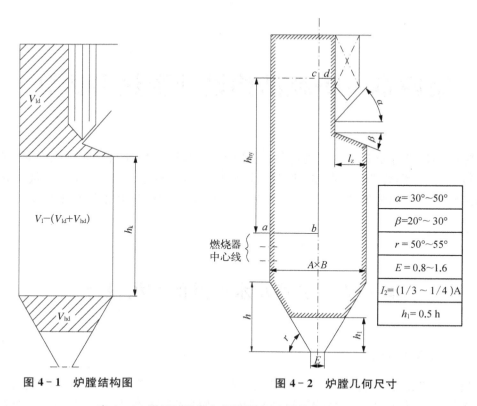

$$\alpha= 30°\sim 50°$$
$$\beta=20°\sim 30°$$
$$r= 50°\sim 55°$$
$$E = 0.8\sim 1.6$$
$$l_2=(1/3\sim 1/4)A$$
$$h_1= 0.5\ h$$

图 4-1　炉膛结构图　　　　　图 4-2　炉膛几何尺寸

表 4-1　煤粉炉炉膛容积热强度 q_v 的推荐值（kW/m³）

煤种	固态排渣炉	液态排渣炉		
		开式炉膛	半开式炉膛	熔渣段②
无烟煤	116～151	≤145	≤169	523～698
贫煤	116～163	151～186	163～198	528～698
烟煤①（洗中煤）	140～198	≤186	≤198	640～756
褐煤	93～151			

注：① ST≤1 350 ℃的烟煤取下限。
　　② 对半开式熔渣段取上限。

2. 炉膛形状和尺寸计算

燃烧器布置于前墙及四角的燃烧方式采用较广，本课程设计只介绍四角布置方式的炉膛形状及尺寸的确定方法。

炉膛容积确定后，为了获得炉内良好的空气动力工况，改善炉内火焰的充满度，使炉膛出口烟气温度合理，还必须选择合适的炉膛形状、炉膛截面（周长）和高度。

对于大容量锅炉（蒸发量≥220 t/h）和液态排渣炉，要根据炉膛截面热强度 q_A 来确定炉膛横截面积 A_j。q_A 表示燃烧器区域炉膛断面单位面积上燃料的放热强度，反映燃烧器区域温度水平的高低，是影响燃烧器区域水冷壁结渣的关键因素。若 q_A 选得过大，则炉膛截面过小而呈瘦高型，在燃烧器区附近燃料释放出的热量因没有足够的水冷壁吸收，使局部区域温度过高而引起受热面结渣；若 q_A 选得过小，则炉膛呈矮胖形，烟气不能充分利用炉膛容积，在离开炉膛时还未得到足够的冷却，使炉膛出口部位凝渣管或屏式过热器结渣。正确选择 q_A（按表 4-2）后，已知燃料收到基低位发热量 $Q_{net,ar}$ 和燃料消耗量 B_j 就可以求出炉膛横截面积：

$$A_j = \frac{B_j Q_{net,ar}}{q_A} \qquad (4-2)$$

表 4-2　煤粉炉炉膛截面热强度 q_A 推荐值（kW/m^2）

	锅炉蒸发量（t/h）	220	400(410)	670
切向燃烧	褐煤和易结渣性煤（$ST \leqslant 1\,350\ ℃$）	2 090～2 560	2 910～3 370	3 260～3 720
	烟　　煤	2 330～2 670	2 790～4 070	3 720～4 650
	无烟煤、贫煤	2 670～3 490	3 020～4 540	3 720～4 650
前墙或对冲布置燃烧		2 210～2 790	3 020～3 720	3 490～4 070

注：① 对褐煤和易结渣煤取下限。
　　② 锅炉容量增加取上限。

炉膛横截面积确定后，还要确定炉膛的深度 A 和宽度 B。对于燃烧器四角布置的炉膛，炉膛的宽深比例 B/A 不大于 1.2，最好是正方形，由此即可确定炉膛的深度和宽度，但最后确定的深度和宽度，还要根据水冷壁的具体结构加以修正。

在确定炉膛宽度时，还要兼顾到对流受热面工质和烟气流速及锅筒内部装置的要求，超高压以上的锅炉还要根据上升管内质量流速 ρ_w 来推算和选择炉膛周长 U，$U = 2(A+B)$。

在炉膛深度和宽度确定后，应考虑炉膛的冷灰斗和炉顶的形状，再确定炉膛的高度。冷灰斗的形状一般变化不大，灰斗倾角 $r = 50° \sim 55°$，出口尺寸 $E = 0.8 \sim 1.6\ m$（图 4-2）。炉顶形状变化较大，当采用悬吊结构的水冷壁和敷管炉墙时，炉顶呈方形，由水平的顶棚过热器组成。

炉膛出口高度由烟气温度和流速来确定，烟气流速一般取 6 m/s 左右。炉膛出口下边有凸出的"折焰角"（图 4-2），其长度 $l_z = (1/3 \sim 1/4)A$，上倾斜角 $\alpha = 30° \sim 50°$，下倾斜角 $\beta = 20 \sim 30°$。在冷灰斗和炉顶的结构确定后，即可确定炉膛主体高度 h_k（图 4-1）。

$$h_k = \frac{V_l - (V_{ld} + V_{hd})}{A_j} \qquad (4-3)$$

式中，V_l——炉膛容积，由式（4-1）计算，m^3；

V_{ld}——炉顶容积，根据炉顶结构与炉膛宽度算出，m^3；

V_{hd}——冷灰斗容积，按冷灰斗结构及炉膛宽度计算，但只计算冷灰斗高度上一半的容积，m^3；

A_j——炉膛横截面积，根据炉膛的宽度和深度来计算，m^2。

二、炉膛水冷壁的结构设计

炉膛内布置有水冷壁用于吸收炉内辐射热，可防止高温烟气与炉壁的直接接触，降低炉壁温度保护炉壁。一般常见的水冷壁型式如图 4-3 所示。

相对节距 s/d 的选取与锅炉的蒸发量、水冷壁结构以及炉墙结构有关。相对节距 s/d

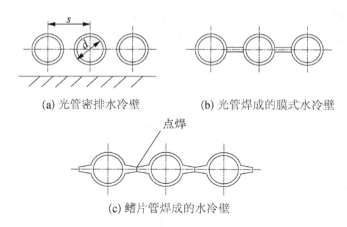

(a) 光管密排水冷壁　　　　(b) 光管焊成的膜式水冷壁

点焊

(c) 鳍片管焊成的水冷壁

图 4-3　水冷壁的结构

增加,炉内布置的总辐射受热面减少,对炉墙的保护作用减少,但水冷壁管背火面吸收到的炉墙反射的热量较多,金属利用率增高;反之则相反。

目前,我国中小型锅炉的水冷壁通常采用 $\phi51\times2.5$、$\phi60\times3$ 的无缝钢管,在高压锅炉上采用 $\phi42\times4$、$\phi60\times5$ 的无缝钢管。对光管水冷壁 s/d 一般在 $1.05\sim1.1$ 之间,对膜式水冷壁 s/d 一般在 $1.2\sim1.5$ 之间,由光管和扁钢焊接而成的膜式水冷壁,扁钢厚度一般为 $5\sim6$ mm。由轧制鳍片管焊接而成的膜式水冷壁,一般鳍片宽为 10 mm,厚为 9 mm,端部厚度为 6 mm。

水冷壁钢管的材料,多采用 20 G 钢;双面曝光水冷壁管材采用 15 CrMo 钢。

第二节　燃烧器的布置及结构设计

一、燃烧器的型式及布置

煤粉燃烧器的型式很多,选择时要考虑各方面的因素。角置直流燃烧器煤种适应性广,已用于几乎所有的燃料,如无烟煤、贫煤、烟煤、褐煤甚至重油,因此本课程设计着重介绍四角切圆布置直流式燃烧器的设计。直流式燃烧器的喷口有圆形、矩形或多边形,按二次风口的布置分为均等配风、分级配风,前者一般适用于烟煤、褐煤、优质贫煤,后者适用于无烟煤、劣质贫煤、劣质烟煤。

角置燃烧器比较理想的布置方案是把炉膛横截面设计成正方形,炉膛宽深比 $B/A < 1.2$,燃烧器正好布置在四角上,燃烧器中心线与炉膛对角线之间的夹角 $\Delta\alpha_j = 4° \sim 6°$。

1. 直流燃烧器布置层数

角置煤粉燃烧器锅炉随容量加大,燃烧器的高度增加,往往把燃烧器布置成几层,一次喷口布置层数及单只热负荷见表 4-3。

表4-3　直流式燃烧器(四角布置)层数及其热负荷

锅炉容量/(t/h)	60,75	120,130	220,230	400,410	670	≈1 000	≈2 000
一次风喷口层数	2	2	2～3	3～4	4～5	5～7	6
单个一次风喷口热负荷/MW	7～9.3	9.3～14	14～23.3	18.6～29	23.3～41	23.3～52	41～67.5

2. 燃烧器一次、二次和三次风参数的确定

一次风率和一、二、三次风速对煤粉气流的燃烧过程有很大的影响,设计时可参考表4-4和表4-5数据。三次风率r_3通常小于20%,当燃用劣质煤时,常达到甚至超过30%。直吹式或中储式乏气送粉的一次风温的最高值为贫煤130 ℃,烟煤、褐煤70 ℃;中储式热风送粉的一次风温比二次风温低80～100 ℃,可参考表4-6。二次风温为$t_{rk}-10$ ℃。三次风温一般较低,约为70～100 ℃。

表4-4　一次风率 r_1(%)

煤 种	无烟煤	贫 煤	烟 煤 $V_{daf} \leqslant 30\%$	烟 煤 $V_{daf} > 30\%$	褐 煤
乏气送粉		20～25	25～30	25～35	20～45
热风送粉	20～25	20～25	25～40		

表4-5　一、二、三次风速(m/s)

风速 ＼ 煤 种	无烟煤、贫煤	烟煤、褐煤
一次风速	20～25	25～35
二次风速	45～55	35～45
三次风速	45～55	40～60

制粉系统中磨煤机出口的一次风煤粉的最高允许温度关系着制粉系统的安全和炉膛内一次风煤粉的着火性能。磨煤机出口最高允许温度见表4-6。

表4-6　磨煤机出口最高允许温度 $t_{M.2}$(℃)

制 粉 系 统	空 气 干 燥	
风扇磨直吹式系统(分离器后)	贫煤	150
	烟煤	130
	褐煤	100
钢球磨储仓式制粉系统(磨煤机后)	贫煤	130
	烟煤、褐煤	70
	无烟煤	不受限
双进双出球磨机直吹式制粉系统(分离器后)	烟煤	70～75
	褐煤	70
	$V_{daf} \leqslant 15\%$ 的煤	100

制　粉　系　统	空　气　干　燥	
中速磨煤机直吹式制粉系统（分离器后）	$V_{daf} < 40\%$	$\dfrac{5 \times (82 - V_{daf})}{3} \pm 5$
	$V_{daf} \geqslant 40\%$	< 70
RP、HP 中速磨煤机直吹式系统（分离器后）	高热值烟煤	< 82
	低热值烟煤	< 77
	次烟煤、褐煤	< 66

3. 燃烧器喷口高度及高宽比

燃烧器喷口的总高度 h_r（燃烧器最上排喷口上沿至最下排喷口下沿的距离）与宽度 b_r 的比值 h_r/b_r 称高宽比，对煤种的适应性和燃烧器射出的气流的偏转程度有很大的影响，因此设计燃烧器时必须合理地选择 h_r/b_r 的比值。燃烧器的高宽比 h_r/b_r 不能过大，直流燃烧器的总高度和宽度之比 h_r/b_r 不应大于 $6 \sim 8$，否则会因射流的刚性变差而使射流偏斜；但是 h_r/b_r 值增大，却对着火和燃烧有利；这是因为 h_r/b_r 增大，燃烧器出口气流与炉内高温烟气的接触面积增大，有利于煤粉的着火和燃烧的稳定。因此，在燃用低挥发分的无烟煤和贫煤时，常使 h_r/b_r 大于 8，这时通常采用增加各喷口边缘间距 Δ 的办法来防止射流过分偏斜，适当的喷口间距能起到压力平衡孔的作用。但喷口间距过大不利于上下两股气流的混合。目前，常采用一、二次喷口间的相对间距为：无烟煤和贫煤，Δ/b 取 $0.3 \sim 0.9$；烟煤和褐煤，Δ/b 小于或等于 0.3。

4. 燃烧器各喷口间的间距

直流燃烧器各喷口之间应保持有一定的间距，相邻一、二次风喷口中心线的标高差和边缘间距 Δ 见表 4-7。三次风喷口在最上层，其标高差和间距见表 4-8。

表 4-7　一、二次风口标高差和间距

排渣方式	煤种	相邻一、二次风口中心线标高差与二次风口宽度比	相邻一、二次风口边缘间距（mm）	简　图
固态排渣	无烟煤	$1.3 \sim 2.6$[①]	c 值：$100 \sim 200$	
			d 值：$200 \sim 360$	
			e 值：$160 \sim 360$	
	贫煤	$0.7 \sim 1.5$	h 值：$280 \sim 350$	
			j 值：$190 \sim 200$	
			侧二次风与矩形风口间：$90 \sim 130$	
	洗中煤	$1.0 \sim 1.3$	$100 \sim 160$	
	烟煤	$0.7 \sim 1.0$	$100 \sim 160$	
	褐煤	$1.05 \sim 1.1$	$220 \sim 350$（有中心十字风口时）	
液态排渣	无烟煤贫煤褐煤	$1.0 \sim 1.5$		(a) 适用无烟煤　(b) 适用贫煤

注：对一次风集中布置狭长风口：$\dfrac{f}{\text{二次风口宽度}}$ 值取下限，$\dfrac{g}{\text{二次风口宽度}}$ 值取上限。

表 4 - 8 三次风口标高差和间距

排渣方式	上三次风口和上二次风口间中心标高差与上二次风口宽度之比	上三次风口边缘与上二次风口边缘的间距(mm)	三次风口下倾角(°)
固态排渣	1.1～1.7	210～395	7～15
液态排渣	1.4～1.7	200～350	

注：当炉膛宽深比 $B/A \leqslant 1.2$ 时,三次风口作切向布置。

角置直流式燃烧器距冷灰斗上沿应有一定的距离。对固态排渣煤粉炉来说,最下一排燃烧器的下边缘距冷灰斗的上沿距离应为燃烧器宽度 b_r 的 4～5 倍。

5. 假想切圆直径 d_j

假想切圆直径 d_j 的选择应综合考虑炉膛尺寸,燃料的着火性能和结渣性能。切圆燃烧炉膛的设计是根据经验来选取 d_j 的,其数值如下:

固态排渣煤粉炉 $d_j = (0.05 \sim 0.12)a_l$

液态排渣煤粉炉 $d_j = (0.1 \sim 0.16)a_l$

燃油炉 $d_j \leqslant 0.15a_l$

其中 $a_l = \dfrac{U}{4}$, U 为炉膛横截面的周界。当锅炉燃用劣质煤时,为提高燃烧效率,降低飞灰含碳量,必须强化劣质煤的着火和燃烧,在不产生结渣的前提下,切圆直径取得大些是合适的。通常取 $d_j = (0.08 \sim 0.12)a_l$ 。

一般来说,炉膛烟气向上运动时流量不断增加,因而形成上部的实际切圆比下部大。另外,锅炉容量增大时,相对炉膛容积来讲,炉膛横截面尺寸增加较慢,d_j 取得小些气流不易发生贴壁。因而对大容量锅炉,切圆直径 d_j 倾向于取较小的数值,国外大容量锅炉有小到 500 mm 的切圆。根据我国近年来的一些设计和运行经验,对固态排渣煤粉炉,表 4 - 9 所列数据可供设计参考。

表 4 - 9 假想切圆直径(mm)

煤　　种		蒸发量(t/h)			
		≤130	220	410	670
无烟煤、贫煤、劣质烟煤	易结渣	300～400	400～500	600～700	700～800
	不易结渣	600～700	700～800	800～1 000	1 000～1 200
优质烟煤、褐煤		300～400	400～500	600～700	700～800

6. 燃烧器宽度 b_r 的确定

为了使炉膛内气流工况正常,应核算燃烧器喷口中心到假想圆切点的距离 l_j (图 4 - 4),此距离在假想圆不大($d_j \approx B/8$ 时),可近似地用矩形燃烧器对角线长度之半来代替。l_j 过长,则火炬不能到达相邻燃烧器的喷口附近,不利于对相邻燃烧器的煤粉气流的着火和燃烧稳定;l_j 过短,则气流易冲到对墙,导致结渣,并使相邻燃烧器的喷口烧坏。我国角置式直流煤粉燃烧器设计经验指出,$2l_j/b_r$ 和 h_j/b_r 的关系如图 4 - 5 所示,也可以用下式表示:

$$\frac{2l_j}{b_r} = 9.438 \left(\frac{h_r}{b_r}\right)^{0.583} \qquad (4-4)$$

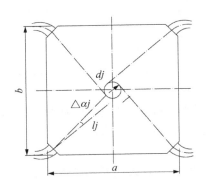

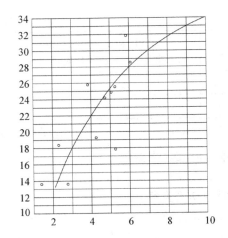

图 4-4 正四角布置的直流燃烧器   图 4-5 角置式燃烧器的 $\dfrac{2l_j}{b_r}$ 和 h_r/b_r 的关系

选取 h_r/b_r 比值和已知 l_j 后,即可由图 4-5 或式 4-4 确定燃烧器宽度 b_r。

7. 燃烧器区域壁面热强度 q_B

对于相同的炉膛截面热强度 q_A,锅炉一次风喷口层数不同以及各层间距离不等时,局部热负荷是不同的,采用燃烧器区域壁面热强度 q_B 可以弥补 q_A 的不足。

$$q_B = \frac{B_j Q_{\text{net.ar}}}{2(A+B)h_r} \qquad (4-5)$$

式中,A、B——炉膛截面的深度和宽度,m;

h_r ——燃烧器总高度,m。

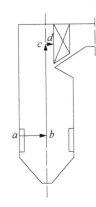

一般褐煤 q_B 取 $0.9\sim1.4\ \mathrm{MW/m^2}$;烟煤 q_B 取 $1.4\sim2.3\ \mathrm{MW/m^2}$。显然,易结渣的煤应靠向褐煤的值,着火困难的煤应靠向 $2.3\ \mathrm{MW/m^2}$ 或更高一些。目前,对大型电站锅炉 q_B 的上限值为 $1.2\sim1.7\ \mathrm{MW/m^2}$。

8. 条件火炬长度 h_{hy}

炉膛高度确定以后,为了保证炉膛结构合理,能得到良好的空气动力工况与合理的出口烟温,尚需要用火焰长度校核炉膛高度。对四角布置燃烧器的锅炉,可用"条件火炬长度 h_{hy}",即从上排燃烧器(或一次风口)中心线至炉膛出口屏式过热器或凝渣管高度中心的折线 $abcd$ 之长(图 4-6)来衡量炉膛高度是否满足要求。

煤粉炉上排燃烧器(或一次风口)的中心线到炉膛出口屏式过热器下边缘的高度应 $\geqslant8$ m,到凝渣管下边缘的高度应 $\geqslant6$ m。我国有关单位推荐的火炬长度最低极限值,见表 4-10。

图 4-6 条件
火焰长度示意

表 4-10 火炬长度最低极限值 h_{hy}(m)

锅炉容量	75	130	220	400	670
无烟煤	8	11	13	17	18
烟煤	7	9	12	14	17
重油	5	8	10	12	14

二、工业锅炉和电站锅炉燃烧器示例

工业锅炉和电站锅炉燃烧器具体示例见表 4-11、4-12,其中,一、二、三次风率由制粉系统的热力计算确定。

表 4-11 工业锅炉直流式煤粉燃烧器形式示例

形式		均 等 配 风		分 级 配 风		
适用煤种		烟煤(褐煤)	褐 煤	无烟煤	贫 煤	劣质烟煤
喷口布置图例						
锅炉容量 D(t/h)		35	65	35	65	65
配磨煤机型号		钢球磨	DTM250/390	DTM207/265	DTM250/390	钢球磨
炉膛深度 A(mm)		4 240	5 450	4 240	5 450	5 450
炉膛宽度 B(mm)		4 240	5 450	4 240	5 450	5 450
假想切圆直径 d_j(mm)		450	680	450	550	550
一次风速 w_1(m/s)		25	23	22	24	25
二次风速 w_2(m/s)		42	40	45	42~48	40
三次风速 w_3(m/s)			50	50	50	43
一次风率 r_{1k}(%)		38	40	20	22	40
二次风率 r_{2k}(%)		54	36	50	46.4	36
三次风率 r_{3k}(%)			20	22	27.6	20
风口截面积(m²)	一次风	4×0.079 2	0.536	4×0.047 6	0.287	0.105 8
	二次风	4×0.065 9	0.366	4×0.069 3	0.398	0.086 6
	三次风		0.122	4×0.016 5	0.122	0.306
喷口倾角(°)			上、中二次风、三次风 ±10		上、中二次风 5 三次风 3 摇摆式	上二次风±5~8 三次风 2~5 摇摆式

注:图中阴影部分为一、三次风口、空白部分为二次风。

表4-12 电站锅炉直流式煤粉燃烧器（固态排渣炉）形式示例

形式	均等配风		无烟煤 （一次风口全部集中）	分级配风 贫煤、劣质烟煤 （侧二次风）	无烟煤 （采用夹心风）
适用煤种	烟煤	褐煤			
喷口布置图例	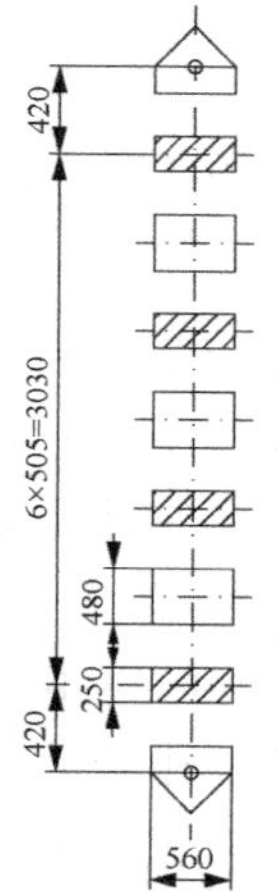 （图）	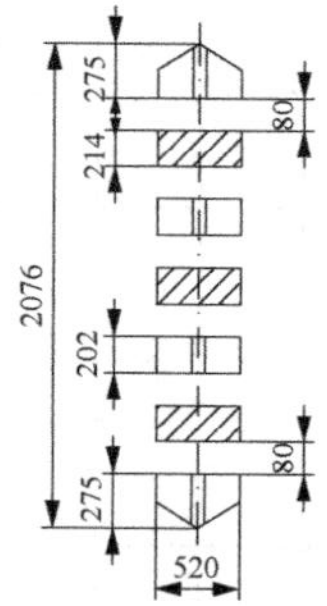 （图）	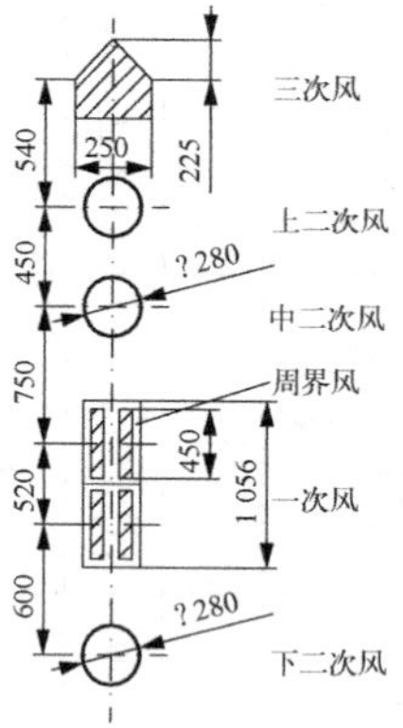 （图）	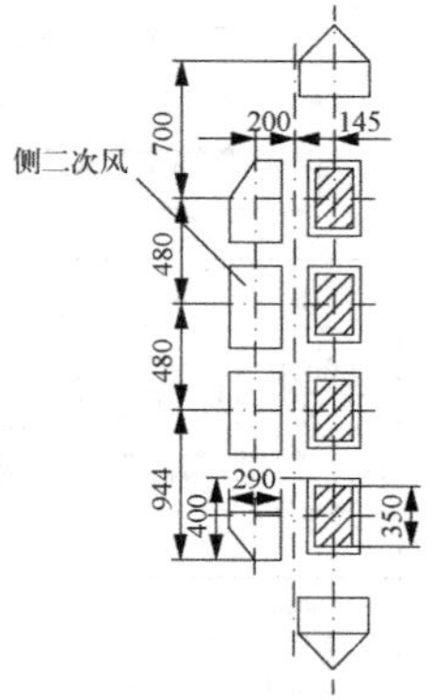 （图）	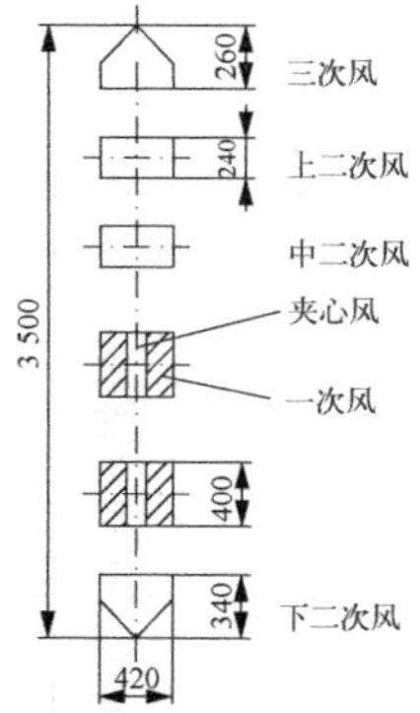 （图）
锅炉容量 D(t/h)	400	220	130	220	220
炉膛深度 A(mm)	9 100	7 730	6 600	7 596	7 552
炉膛宽度 B(mm)	8 300	7 730	6 900	7 596	7 552
假想切圆直径 d_j(mm)	800	800	1 000	大圆800，小圆250	500
一次风速 w_1(m/s)	35	20	25	40	24
二次风速 w_2(m/s)	45	45	50（周界风38）	48	54
三次风速 w_3(m/s)	27	35	45	50	50
一次风率 r_{1k}(%)	68	61	20	27	20
二次风率 r_{2k}(%)			58	68	56
三次风率 r_{3k}(%)			17	20	20

注：图中阴影部分为一、三次风口，空白部分为二次风口。

第三节　炉膛结构尺寸特性计算

炉膛结构尺寸特性计算包括：① 炉膛内的炉墙总面积；② 炉膛有效辐射受热面积；③ 炉膛容积；④ 炉膛火焰有效辐射层厚度；⑤ 炉膛水冷程度。

1. 炉膛内的炉墙总面积 F

炉膛辐射传热计算中的炉墙总面积 F，以包围炉膛有效容积的平面面积计算。固态排渣煤粉炉包围炉膛有效容积的平面面积，包括炉膛四周布置的水冷壁的中心线所构成的平面面积、炉膛上部炉顶管中心平面面积、炉膛出口（烟窗）的平面面积及冷灰斗高度中心平面（冷灰斗高度二等分水平平面）面积。

炉墙总面积 F_l 计算公式如下：

$$F_l = \sum F_i = F_{fr} + 2F_s + F_b + F_{ld} + F_{out} \tag{4-6}$$

式中，F_{fr}——前墙水冷壁面积，包括前半个冷灰斗高度二等分水平平面，m^2；

F_b——后墙水冷壁面积，包括后半个冷灰斗高度二等分水平平面，m^2；

F_s——侧墙水冷壁面积，m^2；

F_{ld}——炉膛上部炉顶管平面面积，m^2；

F_{out}——炉膛出口烟窗面积，m^2。

2. 炉膛辐射受热面积 F_{lf}

炉膛辐射受热面积 F_{lf} 是指布置在炉墙内表面上，接收炉内辐射传热的受热面积，是计算炉内换热的基础。即炉墙总面积扣除未敷设管子的区段，如燃烧器及人孔门的面积。

$$F_{lf} = F_l - F_r \tag{4-7}$$

$$F_r = 4 \times b_r \times h_r \tag{4-8}$$

式中，F_r——燃烧器及门孔的面积，m^2；

h_r——燃烧器高度，m；

b_r——燃烧器宽度，m。

3. 炉膛有效辐射受热面积 F_{lz}

炉膛有效辐射受热面积 F_{lz} 是指参与辐射换热的面积。在炉膛热力计算中，它为一假想的连续平面，而其面积数值的大小，在吸热方面与未沾污的辐射受热面相对。

$$F_{lz} = (F_{fr} + F_b + 2F_s - F_r)x_{sl} + F_{ld}x_{ld} + F_{out}x_{out} \tag{4-9}$$

式中，x_{sl}——水冷壁角系数，现代锅炉水冷壁均采用膜式壁，故 $x=1$；

x_{ld}——炉顶角系数，查附录C；

x_{out}——出口烟窗角系数，本课程设计 x_{out} 可取1。

4. 炉膛容积 V_l

炉膛容积 V_l 为炉膛内的有效容积，将炉膛划分为几个简单的几何体，分别计算每块几

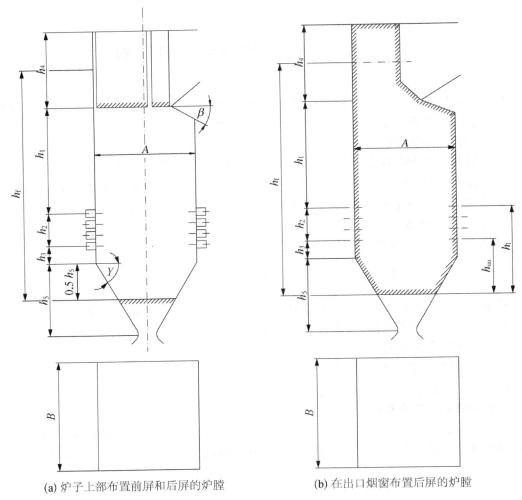

(a) 炉子上部布置前屏和后屏的炉膛　　　　　　(b) 在出口烟窗布置后屏的炉膛

图 4-7　炉膛有效容积及其边界示意

何体的容积,然后求和得到。

5. 炉膛火焰有效辐射层厚度 s

炉内辐射层有效厚度 s 按下式计算:

$$s = 3.6 \frac{V_l}{F_l} \qquad (4-10)$$

式中,V_l ——炉膛容积,m^3;

F_l ——炉墙总容积,m^2。

6. 炉膛水冷程度 X_{lsl}

炉膛水冷程度指炉膛有效辐射受热面与炉墙总面积的比值,也称为炉膛水冷程度。它反映炉膛结构布置的特征参数,其物理意义是相当于整个炉膛的平均辐射角系数。

$$X_{lsl} = \frac{F_{lz}}{F_l} \qquad (4-11)$$

7. 火焰中心位置修正系数 M

系数 M 是被用来考虑沿炉膛高度方向温度最高处的相对位置对炉内换热影响的参数，是重要的修正系数之一，对计算结果的影响很大，对煤粉炉，M 值一般不大于 0.5。

$$M = A - B(x_r + \Delta x) \qquad (4-12)$$

$$x_r = \frac{H_r}{H_L}$$

$$H_r = \frac{\sum n_i B_j H_{ri}}{\sum n_i B_j} \qquad (4-13)$$

式中，A、B——与燃料种类和炉膛结构有关的经验系数，其值见表 4-13；

x_r——燃烧器的相对高度，如图 4-8 所示；

Δx——火焰最高温度点的相对位置修正值，其值见表 4-14；

H_L——炉膛高度，即从炉底或冷灰斗中间平面至炉膛出口烟窗中部的高度，m；

H_r——燃烧器的布置高度，即从炉底（平炉底部的炉膛）或冷灰斗中间平面（炉底为冷灰斗的炉膛）至燃烧器轴线的高度，m，当布置几层燃烧器时，按式（4-13）计算；

B_j——对应于每层燃烧器的燃煤量，kg/s；

H_{ri}——对应于该层燃烧器的布置高度，m；

n_i——该层燃烧器的数量。

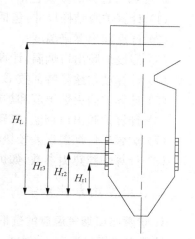

图 4-8 燃烧器标高计算说明

表 4-13 M 计算关联式中的 A、B 值

燃 料	开式炉膛		半开式炉膛	
	A	B	A	B
气体、重油	0.54	0.2	0.48	0
高反应性能固体燃料	0.59	0.5	0.48	0
无烟煤、贫煤和多灰燃料	0.56	0.5	0.46	0

注：本课程设计锅炉为开式炉膛。

表 4-14 M 计算关联式中的 Δx 值

燃烧器型式	Δx
水平、四角切向布置燃烧器	0
前墙或对冲布置煤粉燃烧器 $D > 420\ t/h$ $D \leqslant 420\ t/h$	0.05 0.1
摆动式燃烧器向上下摆动 $\pm 20°$	± 0.1

第四节 炉膛的热力计算

锅炉炉膛的热力过程包含燃料燃烧的化学反应过程、烟气流动过程以及烟气与工质间的传热、传质过程。炉膛热力计算的目的是确定炉膛内各受热面与燃烧产物和工质参数之间的关系。

一、炉膛热力计算的步骤

炉膛热力计算的步骤包括：

(1) 计算炉膛结构尺寸，包括水冷壁面积、有效辐射层厚度、水冷壁平均热有效系数等；

(2) 计算理论燃烧温度；

(3) 假设炉膛出口烟温，计算炉膛烟气平均比热容；

(4) 计算玻尔兹曼特征数 B_o；

(5) 计算炉内火焰黑度和炉膛黑度；

(6) 计算炉膛出口烟温，得到计算值；

(7) 炉膛出口烟温误差校核和重新假设；

(8) 计算炉膛热力参数，如炉膛容积热强度等。

二、炉膛热力计算中的几个问题

1. 炉膛出口烟气温度的选取

炉膛出口烟气温度 ϑ''_l，中小型锅炉指凝渣管前的烟温，大容量锅炉通常指屏式过热器前的烟温。

炉膛出口烟温的高低，决定了锅炉机组辐射换热量和对流换热量的比例份额。从经济角度考虑，炉膛出口烟温在 1 200～1 250 ℃时，大中容量锅炉的辐射和对流吸热分配比例最好，锅炉总受热面金属耗量最小。此外，炉膛出口烟温还应保证炉膛出口不结焦。为此，炉膛出口烟温应低于燃料灰分的软化温度（一般比 ST 低 100 ℃）。

通常在进行锅炉设计时，燃煤锅炉炉膛出口烟温的选取，主要以对流受热面不结渣为前提，在条件允许时，应尽量考虑最佳的吸热分配、过热器管材使用温度的限制等因素。表4-15炉膛出口烟温推荐值可供设计时参考。

表 4-15 炉膛出口烟温的推荐值(℃)

燃 料 名 称	炉膛出口烟温	燃 料 名 称	炉膛出口烟温
无烟煤	1 100～1 150	烟 煤	1 100～1 150
贫 煤	1 050～1 100	洗中煤	1 050～1 100

2. 热空气温度的选取

锅炉的热空气温度 t_{rk} 主要依据燃烧方式的要求确定。首先应保证燃料的迅速点燃和稳定燃烧。着火性能好和水分低的燃料，可采用较低的热空气温度 t_{rk}；反之相反。热空气温度过高,将使空气预热器的结构过于庞大,尾部烟道布置困难,设备初投资及运行费用增高。

电站锅炉热空气温度的推荐值见表4-16。一般液态排渣炉和燃用高水分燃料用热风作为干燥剂的制粉系统,需选用较高的热风温度。

表4-16 电厂锅炉一般采用的热空气温度的数值(℃)

燃　料	无烟煤	贫煤、劣质烟煤	褐　煤		烟煤、洗中煤	重油、天然气
			热风干燥剂	烟气干燥剂		
热空气温度	380～430	330～380	350～380	300～350	280～350	250～300
空气预热器的布置方式	两级	两级	两级	单级或两级	单级或两级(一般单级)	单级

注:对于液态排渣炉,可取 $t_{ha} = 350 \sim 400 ℃$

3. 灰污系数

灰污系数是考虑受热面反向辐射对换热影响的系数,其数值的物理意义表示火焰辐射到受热面上的热量最终为受热面所吸收的份额。水冷壁管灰污越严重,其灰污层表面温度越高,反辐射能力越强,水冷壁吸收的热量越小,则灰污系数就越小。

灰污系数的大小与多种因素有关,在炉膛计算中可参考表4-17取用。

表4-17 水冷壁灰污系数

水冷壁型式	燃　料	ζ
光管水冷壁和膜式水冷壁	气　体	0.65
	重　油	0.55
	无烟煤 $C_{fh} \geqslant 12\%$ 贫煤 $C_{fh} \geqslant 8\%$ 烟煤、褐煤等煤种	0.45
	无烟煤 $C_{fh} < 12\%$ 贫煤 $C_{fh} < 8\%$	0.35
	褐煤煤粉,折算水分 $M_{ZS} \geqslant 35g/MJ$,以烟气干燥直吹式制粉系统	0.55
涂铬矿的水冷壁	所有煤种	0.20
覆盖耐火砖的水冷壁	所有煤种	0.10

注:① C_{fh} 为飞灰含碳量。
② 对于炉膛出口的屏式过热器,$\zeta_p = \zeta\beta$,β 为考虑屏式过热器与炉膛间的换热系数。

4. 水冷壁热有效系数

水冷壁热有效系数 Ψ 表示水冷壁吸收的辐射热占投射到炉壁上的辐射热的比例,其反映受热面吸热的有效性。炉膛水冷壁面积的平均热有效系数应为水冷壁各部分的加权平均值,即

$$\Psi_{av} = \frac{\sum \Psi_i F_i}{F} \qquad (4-14)$$

煤粉炉水冷壁热有效系数 Ψ 的数值可按表4-18查取。

表 4-18　煤粉炉水冷壁的热有效系数 Ψ 的数值

水冷壁型式	煤的种类	Ψ
管子紧靠的水冷壁和膜式水冷壁	无烟煤 $C_{fh} > 12\%$ 贫煤 $C_{fh} > 8\%$ 烟煤和褐煤	0.4~0.45
	无烟煤 $C_{fh} < 12\%$ 贫煤 $C_{fh} < 8\%$ 劣质(高灰)烟煤 $A_{zs}^{ar} \geqslant 9\%$	0.35~0.4
以水冷壁管上所焊销钉固定覆盖的耐火涂料	—	0.2
无销钉耐火涂料水冷壁	—	0.1

注：C_{fh} ——飞灰含碳量；A_{zs}^{ar} ——折算灰分含量。

5. 炉膛热力计算中注意的问题

（1）炉膛热力计算求解 ϑ''_l 时,可用逐次逼近法进行,若求出的值 $\vartheta''^{(9)}_l$ 与预估值 ϑ''_l 之差大于 $\pm100\,℃$,需重新假定 ϑ''_l 后再计算;若多次迭代无法满足误差校核要求,须调整炉膛结构尺寸和布置,重新计算,一般调整炉膛的高度比较方便。

（2）炉膛热力计算完成后,进行 q_V 和 q_A 的重新核算,以保证在推荐范围内。

第五节　凝渣管的设计及热力计算

对于中压锅炉,一般容量不大,炉膛内的辐射传热与蒸发吸热基本一致,为防止对流受热面结渣,炉膛出口布置有凝渣管。凝渣管是后墙水冷壁管子延续拉稀组成,构成炉膛出口

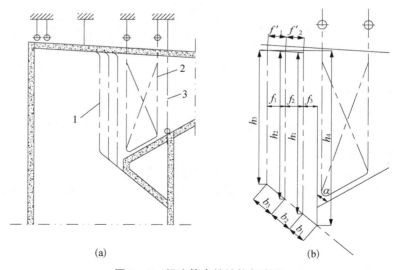

(a)　　　　　　　　　　(b)

图 4-9　凝渣管束的结构与布置

烟窗。一般按每 4 根相邻的管子组成第一、二、三排和折焰角,因此横向管节距为 $s_1=4s$,纵向管节距 $s_2=(3\sim5)d$,如图 4-9 所示。

思 考 题

1. 炉膛结构设计时,用到哪几个设计参数?

2. 折焰角的作用是什么?

3. 如何确定和计算炉膛容积?

4. 为什么在计算炉膛时要预先设一个炉膛出口烟温?

5. 炉膛有效热量和锅炉输入热量有何区别和联系?

6. 什么叫理论燃烧温度?

7. 炉膛烟气中具有辐射能力的成分有哪些? 按从大到小的顺序排列。

8. 炉膛黑度与什么因素有关?

9. 说明炉膛热力计算中辐射角系数、灰污系数、热有效系数之间的区别和联系。

10. 炉膛计算中如何处理不敷设受热面的壁面?

11. 如何预估炉膛出口烟温? 其值大小对锅炉有何影响?

12. 叙述炉膛校核热力计算的步骤。

13. 如何确定燃烧器的配风方式和布置形式,与煤种有何关系?

14. 如何确定燃烧器层数,一次、二次和三次风口数量及布置位置?

15. 如何确定燃烧器的一次、二次和三次风温?

16. 如何计算燃烧器火焰中心高度?

17. 如何计算燃烧器高度?

第五章 对流受热面设计及热力计算概述

第一节 对流受热面的计算方法

对流受热面主要以对流方式吸收烟气中的热量,虽然管间烟气也存在辐射,但辐射放热所占份额较小。而且对流受热面的管间辐射因管子布置比较密集,管子之间相对节距 s_1/d 和 s_2/d 都比较小,管间烟气的辐射层有效厚度很小,因此可以不考虑辐射强度沿射线行程的减弱。即对流受热面烟气的管间辐射可以采用两个受热面间充满透明介质(介质不发生吸收和散射减弱作用)的平行平面的热交换公式计算,其计算方法可参考苏联 1973 年的对流受热面计算方法。

《锅炉机组热力计算标准方法》规定,位于炉膛出口的半辐射受热面,如屏式过热器、凝渣管等,其热力计算采用对流换热的原理进行,但烟气在管间的辐射因管间距较大,需考虑辐射强度沿射线行程的减弱。

第二节 对流受热面的计算步骤

(1) 在已知烟气进口温度和工质进口(或出口)温度条件下,假设受热面出口烟气温度,查取相应焓值。

(2) 根据出口烟焓,通过 $Q_d = \varphi(h'_y - h''_y + \Delta\alpha h^0_{lk})$ 计算对流传热量。

(3) 依据烟气侧放热量等于工质侧吸热量的原理,通过 $Q_d = \dfrac{d(h'' - h')}{B_j} - Q_f$ 求取工质出口焓和相应温度。

(4) 计算平均对流传热温差。

(5) 计算烟气侧对流放热系数及管壁灰污系数。

(6) 计算工质侧对流放热系数。

(7) 计算管壁灰污层温度。

(8) 计算烟气黑度,确定烟气侧辐射放热系数。

(9) 计算对流放热系数 K。

(10) 通过 $Q_d = \dfrac{K\Delta t A}{B_j}$ 计算对流传热量。与计算结果相比较,其差值应在允许范围内。

否则,重新假设受热面出口烟温,重复上述计算过程。

第三节　对流受热面计算中的相关问题

一、结构参数的确定

1. 受热面的平均节距

受热面的结构变化时,如果管簇的管子节距在烟道深度或宽度方向上是变化的,按式 (5-1)进行计算热受面的平均节距:

$$S_{pj} = \frac{S'A' + S''A'' + \cdots}{A' + A'' + \cdots} \quad m \qquad (5-1)$$

式中,S'、$S''\cdots$——管子节距,m;

A'、$A''\cdots$——分别对应于管子节距为 S'、$S''\cdots$的各部分受热面面积,m^2。

2. 受热面的平均管径

如果烟道中某些区段的烟气冲刷性质相同而管径不同时,按式(5-2)计算受热面的平均管径:

$$d_{pj} = \frac{A_1 + A_2 + \cdots}{\dfrac{A_1}{d_1} + \dfrac{A_2}{d_2} + \cdots} \quad m \qquad (5-2)$$

式中,d_1、$d_2\cdots$——受热面不同的管径,m;

A_1、$A_2\cdots$——分别对应于管径为 d_1、$d_2\cdots$的各部分受热面面积,m^2。

二、对流受热面的换热面积和流通截面积

1. 换热面积

当管式受热面按平壁公式计算传热系数时,为减少计算误差,应按下述原则确定受热面的面积 H:

(1) 当壁面两侧的放热系数相差悬殊时,取放热系数较小一侧的管子表面积作为计算对流换热面积。

(2) 当管子壁面两侧的放热系数同属一个数量级,相差不大时,则取相应于管子平均直径的面积作为计算换热面积。

因此,计算换热面积时:

① 若管内介质为水、汽水混合物和蒸汽的管式受热面,则取管子外侧表面积为换热面积,如省煤器、水冷壁和过热器;

② 对于屏距较大的屏式过热器或贴墙布置的附加受热面,如顶棚管、包覆管等,有效换热面积计算类同辐射受热面的计算方法;

③ 对于管式空气预热器,则取管子平均直径计算的面积为受热面积;

④ 对于回转式空气预热器,则取蓄热板板面面积的两倍作为受热面积。

2. 流通截面积

介质在管内流动时,流通截面积为

$$f = z \frac{\pi d_i^2}{4} \tag{5-3}$$

式中,d_i——管子内径,m;

z——并列管子的总数目。

烟气横向冲刷管束时,其流通截面积按下式计算

$$F = ab - z_1 dl \tag{5-4}$$

式中,a、b——烟道截面的尺寸,m;

d、l——管子外径和长度,对蛇形管束,取其投影长度,m;

z_1——管子横向排数,对错列管束,取平均值。

如果烟道或受热面的几何结构发生变化,造成同一受热面有几个不同的烟气流通截面积,可取这些流通截面积的平均值作为该受热面的烟气流通截面积进行计算。

三、对流传热系数的处理

(1)对流放热系数与气流冲刷方式、速度及介质的温度和物性等有关。计算过程中,可按气流冲刷方式,直接从附录C线算图中查取。

(2)受热面结构不同时,对流放热系数按以下原则处理:

如果管簇中一部分管子为错列布置,另一部分为顺列布置,求其放热系数时应按烟气在管簇中的平均温度计算平均流速,分别求出顺列及错列的对流放热系数 α_{sh} 及 α_c,然后根据相应的受热面面积求出其对流放热系数:

$$\alpha_d = \frac{\alpha_c A_c + \alpha_{sh} A_{sh}}{A_c + A_{sh}} \tag{5-5}$$

式中,α_c、α_{sh}——管簇错列、顺列的对流放热系数,按管簇中平均流速计算,W/(m² · ℃);

A_c、A_{sh}——管簇中错列、顺列部分受热面积,m²。

如果错列(或顺列)布置的管子受热面超过总受热面的85%,则整个管束按错列(或顺列)计算。

斜向冲刷受热面时,对流放热系数按横向冲刷计算,再进行修正。顺列管束,修正系数为1.07,错列管束不进行修正。

(3)灰污层对于对流受热面传热过程的影响,用灰污系数来表示。燃用固体燃料顺列布置的受热面以及凝渣管、对流管束等,灰污层对传热的影响常用热有效系数来表示。

(4)利用系数是考虑烟气对受热面冲刷不均匀、不完全时对传热过程影响的修正系数,各种对流受热面的热力计算应考虑利用系数。

(5)在计算高温区受热面的对流换热量时,常用烟气辐射放热系数来考虑高温烟气的辐射热量,其值与烟气黑度、温度等有关。

(6)除屏式受热面以外,其他各类受热面加热介质对管壁的放热系数,都包括对流放热

系数和辐射放热系数两部分。

四、传热温压

传热温压 Δt 是参与热交换的两种介质相对于整个受热面热阻的传热温差。温压的大小除与两种介质在受热面进、出口的温度或温差有关外，还与两种介质相互间的流动方向有关、但若其中一种介质的温度在受热面中保持不变，则温压大小与流动方向无关。

多数锅炉受热面采用顺流或逆流的流动方式，逆流方式传热温压最大，顺流方式温压最小，其他方式的传热温压介于两者之间。顺流和逆流传热温压的计算公式是相同的，均由受热面进、出口两种介质的温差（端差）按下式求出，但端差的大小对顺流和逆流方式是不同的。

$$\Delta t = \frac{\Delta t_d - \Delta t_x}{\ln \dfrac{\Delta t_d}{\Delta t_x}} \tag{5-6}$$

式中，Δt_d——受热面两端差中较大的温差，℃；

Δt_x——较小一端的温差，℃。

当端差之比$\leqslant 1.7$ 时，采用算术平均温差，即两种介质在受热面中的平均温度之差来计算，已满足锅炉计算精度的要求，这时 $\Delta t = \dfrac{\Delta t_d + \Delta t_x}{2} = \vartheta_{pj} - t_{pj}$。

五、污染系数与热有效系数

1. 污染系数

在燃煤锅炉中错列布置管束（包括错列的光管、鳍片管和肋片管管束）的传热按污染系数计算，目前推荐的污染系数计算公式为

$$\varepsilon = C_{gr} C_d \varepsilon_0 + \Delta\varepsilon \tag{5-7}$$

式中，C_{gr}——灰的粒度组成修正系数，对于褐煤、烟煤、贫煤和无烟煤，均取 $C_{gr} = 1.0$；

C_d——管子直径的修正系数，$C_d = 5.26 + \ln d / 0.767\,6$，$d$ 为管子外径，m；

$\Delta\varepsilon$——附加值，由附录B，表B-2查取；

ε_0——与烟气流速 w_g 和纵向相对节距 s_2/d 有关的原始污染系数。

ε_0 和 C_d 可由附录C，图C-13中查取。

2. 热有效系数

在锅炉对流受热面中，布置在高温水平烟道的对流式过热器都采用管束的顺列布置方式，布置在低温尾部下行烟道中的省煤器，多采用错列布置方式。但在现代锅炉中尾部下行烟道中布置的省煤器也多采用管束的顺列布置方式，以减轻飞灰的磨损和方便于清灰（吹灰）。顺列布置的省煤器在燃用固体燃料时的热有效系数可按附录B，表B-4查取。燃煤锅炉高温水平烟道顺列布置的过热器的热有效系数的现场试验数据表明，对不同的煤种，值为 0.48～0.58，平均为 $\Psi = 0.53$，并随所布置受热面区域烟温的升高而略微下降。

第四节　附加受热面的计算

现代动力锅炉在对流烟道内部布置诸如顶棚管、包墙管或悬吊管之类的受热面,当其面积不超过主受热面的 10% 时称为主受热面的附加受热面。

附加受热面的热力计算,一般采用简化计算。

(1) 若附加受热面面积不超过主受热面的 5%,可把附加受热面并入内部介质和它串联的管束受热面内,而不必单独计算,如低温对流过热器上部的顶棚管。

(2) 附加受热面大于主受热面的 5%,则不论附加受热面的结构形式如何,其吸热量计算时:

(1) 附加受热面的传热系数与主受热面传热系数相同。

(2) 其平均传热温差采用:

附加受热面与主受热面并列布置时,$\Delta t = \vartheta_{pj} - t_{pj}$

附加受热面与主受热面串联布置时,$\Delta t = \vartheta'' - t_{pj}$

式中,ϑ_{pj}——烟气平均温度,℃;

t_{pj}——附加受热面内工质平均温度,℃;

ϑ''——主受热面出口烟气温度,℃。

(3) 在进行主受热面热力计算时,即在 $Q_d = \varphi(h'_y - h''_y + \Delta a h^0_{lk})$ 中应考虑附加受热面的吸热量,这一吸热量应在以后的计算中给予误差检验并校准。

(4) 附加受热面吸热量计算的计算误差应控制在 ±10% 以内。

第五节　受热面计算中烟气和
工质流速的变化范围

1. 蒸汽流速

蒸汽质量流速是根据冷却管子金属的要求选取的。在过热器中蒸汽流速如果选得太低,则传热能力降低,受热面积增加,壁温升高;反之,蒸汽流速过大,蒸汽侧流动阻力增大。实际影响传热的不只是蒸汽流速,与蒸汽密度也有关系。因此,常用工质质量流速 ρw 作为一种设计指标。现代锅炉推荐的工质质量流速见表 5-1。

表 5-1　工质质量流速的推荐值

受热面名称		质量流速 ρw [kg/(m² · s)]
对流省煤器	非沸腾式	400～500
	沸腾式	600

受热面名称		质量流速 ρw [kg/(m² · s)]
高压辐射式省煤器		1 000～1 200
再热器		250～400
高压蒸汽过热器	对流式	500～1 000
	屏式	800～1 000
	辐射式	1 000～1 500

2. 烟气流速

对流受热面中的烟气流速既与受热面的传热强度有关,也和烟气侧流动阻力、受热面的磨损有关。在提高烟气流速时虽然会加强传热,减少受热面面积,节省钢材,但会增大流阻,加快受热面磨损的速度(燃烧有灰燃料时)。因此,烟气流速是一个需要在综合考虑各种因素基础上选取的参数。表5－2与表5－3分别为无灰燃料和含灰燃料的烟气流速推荐范围。

表 5－2　无灰燃料烟气的最佳流速

受热面		最佳烟气流速(m/s)
省煤器、直流锅炉过渡区		8～11
过热器	碳钢	10～14
	合金钢	15～20

表 5－3　有灰燃料烟气的极限流速

受热面	极限流速(m/s)			
	灰分 A_{zs}^{ar}(g/MJ)			
	<12	14～17	21～24	70
省煤器,过渡区	13	10	9	7
过热器,再热器	14	12	11	8

空气预热器中的传热情况与其他对流受热面不同,受热面两侧的放热系数对传热同样重要。要使空气预热器的结构经济合理,必须使空气流速与烟气流速有合理的比例以及使烟气有合理(或最佳)的流速。表5－4为空气预热器中的烟气流速推荐范围。

表 5－4　空气预热器中最佳烟气流速

空气预热器型式	最佳烟气流速(m/s)		w_k
	低温级	高温级	
管式	10～11	12～14	0.5
板式	9～10	11～13	0.95
铸铁带鳍片	10～11	—	1.05
回转式	8～12		0.7

注:w_k 为空气流速;w_y 为烟气流速。

思 考 题

1. 高压煤粉锅炉的对流受热面包括哪些?

2. 叙述对流受热面热力计算步骤。

3. 对流受热面结构设计参数有哪些,如何确定?

4. 说明对流受热面的传热面积的确定方法。

5. 说明对流传热温压的计算方法。

6. 简述污染系数、热有效系数和利用系数的含义。

7. 对流传热系数的实用计算公式是什么?

8. 不同受热面为什么对工质质量流速有要求?

9. 烟气流速的选取受什么因素影响?

第六章 过热器的结构设计及热力计算

第一节 概　　述

　　烟气离开炉膛以后进入锅炉的半辐射式受热面及各种对流受热面,对于中压锅炉按烟气流程首先是凝渣管,其后是高温对流过热器和低温对流过热器;高压锅炉则首先是屏式过热器,之后为高温对流过热器和低温对流过热器。

一、过热器的设计要求

　　锅炉过热器的设计比较复杂,设计过程要考虑以下要求:
　　(1) 有良好的温度特性,即变负荷运行时,汽温能保持正常或变化较小。
　　(2) 汽温易于调节,调节反应速度较快,因此,末级过热器前减温时,焓增一般较小,不超过 170 kJ/kg。
　　(3) 节省钢材,尤其是合金钢。
　　(4) 过热器设计要特别注意安全,避免热偏差导致的管壁超温。
　　(5) 较小的流阻。在自然循环锅炉中,当汽包压力<14 MPa 时,蒸汽在过热器中的压降一般不超过汽包压力的 10%。
　　(6) 运行安全可靠,制造安装及检修方便。

二、过热器结构设计及其参数确定方法

1. 管径和管壁厚度

　　过热器管子外径通常约为 28~50 mm。重量轻和结构紧凑的锅炉,可以采用较小的管径,但管径越小支吊越困难,蒸汽压降也增大。蒸汽压力很高时,用较小的管径可使管壁减薄;若采用大管径则可少用几根管子,并可增大管子中心距,因而可避免堵灰。国产锅炉多采用 ø38 mm、ø42 mm 的管子制造过热器。

　　过热器管子壁厚应由强度计算来决定,一般为 2.5~6 mm。国产锅炉过热器管壁厚度为 2.5、3.0、3.5、4.0、4.5、5.0 mm。

2. 管距及管子弯曲半径

　　高压及超高压汽包锅炉中,在炉膛上部出口处布置有半辐射屏式过热器,它是由紧密排列的管子组成,纵向节距 $s_2/d = 1.1~1.25$;屏与屏之间的横向节距 s_1 应不小于 500 mm,一般在 550~1 500 mm,烟温较高和锅炉容量较大时,选取较大值。由于屏间距离很大,屏式过热器上不易结渣,即使结渣也不至于堵塞烟气通路。

　　对流过热器一般都制成垂直悬吊式。为悬挂方便,避免堵灰,不论垂直或水平布置的过

热器都采用顺列布置。横向节距 s_1/d 一般取 2.5 左右。纵向相对节距 s_2/d 与管子的弯曲半径 R 有关,通常 R 应不小于 1.5～2.5d(如图 6-1),故 s_2/d 在 3～5 之间。通常垂直悬吊过热器在管子弯曲半径允许的情况下,应尽量取小值,以便结构紧凑。在炉膛出口附近的过热器,进口烟温可达 1 000～1 100 ℃ 甚至更高,为防止结渣,常将对流过热器的前几排管管间距加大,形成错排布置的管簇(图 6-2),使 $s_1/d \geqslant 4.5$ 和 $s_2/d \geqslant 3.5$。另外,为检修方便,对流过热器与前后相邻受热面之间应留有 800～1 000 mm 的间隙,受热面管簇厚度不宜超过 1 m。

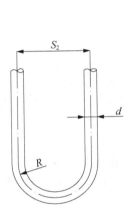

图 6-1　蛇形管弯头

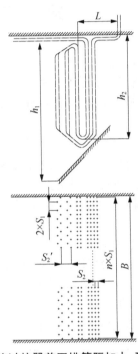

图 6-2　对流过热器前四排管距加大,形成错列的方式

　　顶棚过热器是最常见的辐射式过热器,通常采用较小的管距,$s/d \leqslant 1.25$。s 值过大时炉顶耐热层的温度会过高,炉顶部分的耐热层浇注也较困难。为使对流过热器的管子容易穿过顶棚,可采取顶棚过热器的管距 s 为对流过热器管距 s_1 之半,这样只要把顶棚过热器管在对流过热器的引出处重叠起来、就可以留出对流过热器穿过顶棚的空挡来,如图 6-3 所示。

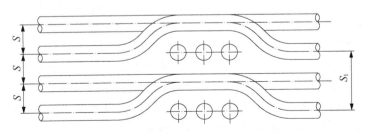

图 6-3　顶棚过热器为对流过热器穿过顶棚留出空挡的方式

3. 过热器工质进口管根数

过热器工质进口管数量取决于管内蒸汽质量流速,而管内蒸汽质量流速是根据冷却管子金属的要求选取的。进口管根数按下式计算。

$$n = \frac{D}{A \cdot \rho w} \qquad (6-1)$$

式中,D——蒸汽流量,kg/s;

A——单根管蒸汽通流面积,m^2;

ρw——蒸汽质量流速,$kg/(m^2 \cdot s)$;

n——进口管根数。

首先选定合适的蒸汽质量流速 ρw,参见表 5-1,然后根据式(6-1)确定过热器总进口管根数 n;再根据横向节距 s_1 的大小确定过热器横向管排数 n_1。

4. 过热器管圈数

过热器并列蛇形管一般可制成单管圈、双管圈和三管圈。容量较大的锅炉,烟道宽度(每 1 t/h 蒸发量的宽度)相对减小,设计时会出现过热器进口管根数远大于横向管排数 n_1 的情况,为不使管内蒸汽流速过大,可通过把蛇形管制成多管圈形式,即采用双管圈或三管圈的形式进行蒸气质量流速的调整。蛇形管圈型式如图 6-4 所示。

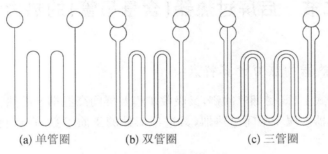

(a) 单管圈　　　　(b) 双管圈　　　　(c) 三管圈

图 6-4　不同的管圈型式

5. 过热器分级温度的确定原则

为了节约钢材,尤其是合金钢,过热器分屏式过热器和对流过热器,对流过热器又采用分级布置,分级温度可在锅炉整体布置时确定,也可以在进行过热器热力计算前确定。

(1)过热器系统的热力计算,按烟气流动方向采用分段逐级计算,限制每级过热器中蒸汽焓增不超过 250~420 kJ/kg。

(2)分级计算时,中间各级过热器的进出口处的工质压力,可参考有关资料取用,见表 6-1。无资料时,可依据过热器系统总压降进行估计。

表 6-1　高压锅炉汽水侧各换热部件压力值(绝对压力)(MPa)

位置	低温省煤器入口	高温省煤器入口	高温省煤器出口	汽包	低温过热器出口	屏式过热器出口	高温过热器冷段出口	高温过热器热段出口
额定负荷	11.57	11.28	11.08	10.98	10.49	10.20	10.10	9.90

注:表中数据为定压运行时的数据。

（3）减温器对换热工质参数的影响可按实际情况计算。

6. 附加受热面的布置

现代锅炉的过热器区常布有顶棚管、水冷壁等附加受热面，在过热器热力计算中应注意附加受热面的吸热量计算。一般来说，屏式过热器及对流过热器的顶部布置顶棚管，两侧布置附加水冷壁。本书为简化起见，在对流过热器两侧不布置和计算附加水冷壁。

7. 烟气流速的选取

对屏式过热器来说，烟气流速的选择主要考虑避免积灰而引起结渣，在额定负荷时取烟气流速为 6 m/s 左右。根据我国有关单位的研究，对于固态排渣煤粉炉，提出最佳对流过热器受热面的烟速为 10～14 m/s。

8. 烟道尺寸的确定和受热面结构设计误差

根据第三章炉膛结构设计及烟气流速，确定了水平烟道的高度和宽度，在过热器选取烟气流速以后，就可以结合受热面的结构设计确定过热器烟道长度。如果按结构设计计算得出的过热器受热面积 A_{gr}^{js} 与按结构布置要求最终确定的过热器受热面积 A_{gr}^{bz} 之间的误差≤±2%时，可认为结构设计计算是符合要求的。此情况也适用各对流受热面的结构设计计算。

第二节　后屏过热器（含悬吊管）的热力计算

一、后屏过热器的热力计算特点

（1）在换热方式上，既受烟气冲刷，又吸收炉膛及屏间高温烟气的热辐射；

（2）屏式过热器多属于中间过热器，其进出口处的工质参数，在进行屏的计算时，往往为未知数；

（3）屏与屏之间横向节距大，烟气流速低，且冲刷不完善。所以，某些交换参数，如利用系数、传热系数等的计算方法，不同于一般对流受热面；

（4）若屏进出口工质参数均为未知数，需先在过热器系统中分级定温，然后计算另一端的工质参数。假设的参数是否准确，需在相应的受热面热力计算之后校准；

（5）进行屏的热力计算时，应注意混合式减温器对屏入口工质参数的影响。

二、后屏结构设计中应注意的几个问题

（1）屏式过热器的计算对流受热面积：

$$A_p^{js} = 2A_p x_{hp} Z_1 \tag{6-2}$$

式中，A_p——屏片最外圈管子的外轮廓线所围成的平面面积，m^2；

x_{hp}——屏式受热面的角系数，由屏片中管子的 s_p^{zj}/d 值，在不考虑炉墙反射的曲线上查取（见附录 C，图 C-1，曲线 5）。

同理，炉顶管角系数 x_{ld} 和两侧附加水冷壁角系数 x_{sl} 也是按其 s/d 值，在不考虑炉墙反射曲线上查取。

（2）本课程设计中屏的结构和布置型式已给定，如图 6 - 5 所示，双 U 型结构是对称的，每个 U 型并列的管根数由管间距 s_2 和炉膛折焰角所在纵向截面与炉膛中心线相对距离决定。

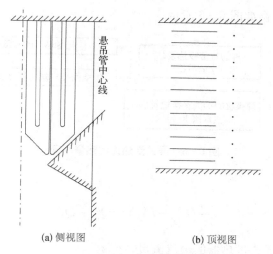

　　　　　（a）侧视图　　　　　　　　（b）顶视图

图 6 - 5　屏式过热器结构尺寸

（a）侧视图　（b）顶视图

（3）屏结构设计中的蒸汽质量流速是先经过结构设计，根据所能布置的总管根数后运用蒸汽流速计算公式进行校核的，若蒸汽流速在屏式过热器蒸汽质量流速范围内，则认为设计合理。反之，可通过调整屏间距和屏片数来调整总根数和蒸汽质量流量。

三、后屏过热器的热力计算及其说明

（1）对于炉内的直接辐射，采用考虑辐射强度沿射线行程减弱时的炉膛黑度进行计算。

（2）屏空间辐射与接触烟气的纯对流传热合并在一起，按对流传热方式进行计算，即烟气侧的总放热系数 α_1＝按屏间烟气的空间辐射折算的辐射放热系数 α_f＋烟气的纯对流放热系数 α_d。

（3）与不吸收炉内直接辐射的普通对流受热面相比，在其他条件相同时，半辐射受热面的壁温因同时接受炉内直接辐射而相对高一些，致使其对流传热能力有所下降，因此对传热系数公式进行必要的修正。

（4）屏所吸收的空间辐射热比纯对流热要大，计算对流传热量时的传热面积按适用于空间辐射的计算受热面积计算，需将烟气侧放热系数 α_1 中的纯对流放热系数 α_d 折算到按该面积进行计算。

（5）屏式受热面因 s_1（屏的横向节矩，mm）/d 的数值一般很大，纯对流放热系数 α_d 不按顺列布置管束的公式计算，而是按单排管子公式计算。

（6）屏间烟气的空间辐射也考虑了介质的吸收和散射使辐射强度沿屏片受热面方向的减弱。

（7）对于 $s_1/d > 4$ 的对流受热面，应采用半辐射受热面的热力计算方法。

四、后屏过热器的热量平衡

1. 工质吸热量

屏内工质从进口焓 h'_{hp} 加热至出口焓 h''_{hp}，所需的吸热量即屏式受热面的总吸热量

$\sum Q_p$,它等于屏吸收的对流传热量Q_p^d和炉内直接辐射热Q_p^f之和,具体热量平衡如图6-6所示。

炉内辐射的热量平衡如图6-6所示。

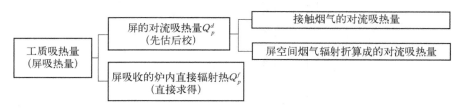

图6-6 屏式受热面的热量平衡

工质吸热量为

$$\frac{D}{B_j}(h''_{hp} - h'_{hp}) = Q_p^d + Q_p^f \tag{6-3}$$

式中,D——流经屏式过热器的蒸汽流量,kg/s。

2. 炉内辐射的热量平衡

落入屏区的炉膛辐射热Q_p^f只有部分被屏区受热面吸收,其余部分穿透屏区落到下一级受热面,称为炉内直接辐射的穿透辐射($Q_{p''}^f$),即 $Q_{p''}^f = \dfrac{Q_p^{f'}(1-a)\,x_p}{\beta}$。屏区受热面吸收的炉内直接辐射为$Q_{pq}^f = Q_p^{f'} - Q_{p''}^f$,按面积比例在屏式受热面和屏区附加受热面之间进行分配、即$Q_{pq}^f = Q_p^f + Q_{pfj}^f$。炉内辐射的热量平衡如图6-7所示。

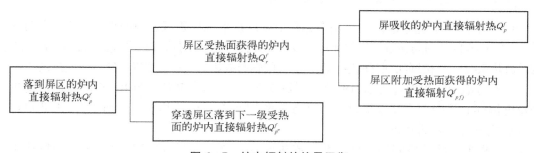

图6-7 炉内辐射的热量平衡

3. 烟气放热量

屏空间烟气辐射也有部分穿透屏区落到下一级受热面,称为屏空间的穿透辐射$Q_{pj''}^f$。因此,屏区烟气的进、出口焓降(即烟气放热量)应包括屏式受热面对流吸热量Q_p^d、屏区附加受热面的对流吸热量Q_{pfj}^d和屏区空间向下一级受热面的穿透辐射热$Q_{pj''}^f$,具体示意如图6-8所示。

即烟气放热量为

$$\varphi(H'_{yp} - H''_{yp}) = Q_p^d + Q_{pfj}^d + Q_{pj''}^f \tag{6-4}$$

式中,H'_{yp}、H''_{yp}——屏区烟气的进、出口焓,kJ/kg;

φ——保热系数。

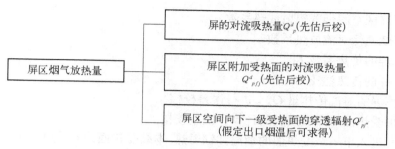

图 6 - 8　烟气放热量平衡

透过屏区出口落到下一级受热面上的总辐射热应为炉内直接辐射的穿透辐射和屏空间辐射的穿透辐射之和,即 $Q_{ph}^{f\prime} = Q_p^{f\prime} + Q_{pj}^{f\prime\prime}$。

4. 屏的对流传热量

根据对流传热计算公式,屏吸收的对流传热量为

$$Q_p^{cr} = K \cdot \Delta t_1 A_p^{js} / 1\ 000 B_j \qquad (6-5)$$

式中,K——屏式受热面传热系数,$\mathrm{W/m^2 \cdot \mathcal{C}}$;

A_p^{js}——屏式受热面的计算受热面积,$\mathrm{m^2}$;

Δt_1——屏式受热面的传热温压,$\mathcal{C}$。

因此,在计算过程中可由假设出口烟温和附加受热面的对流吸热量获得屏对流吸热量的假设值,再通过与工质的对流传热计算获得对流吸热量的计算值,二者进行误差校核符合要求后,完成屏式受热面的热力计算。

5. 屏式受热面的对流传热系数

在屏式受热面传热计算时,应考虑来自炉膛出口的直接辐射使管子灰层外表面温度升高,导致对流传热减少的影响。屏式受热面传热系数的计算式为

$$K = \frac{\alpha_1}{1 + \left(1 + \dfrac{Q_p^f}{Q_p^d}\right)\left(\varepsilon + \dfrac{1}{\alpha_2}\right)\alpha_1} \qquad (6-6)$$

式中,α_1——烟气对管壁的放热系数,$\mathrm{kW/(m^2 \cdot \mathcal{C})}$ 或 $\mathrm{W/(m^2 \cdot \mathcal{C})}$;

α_2——管壁对工质的放热系数,$\mathrm{kW/(m^2 \cdot \mathcal{C})}$ 或 $\mathrm{W/(m^2 \cdot \mathcal{C})}$;

Q_p^f、Q_p^d——屏式受热面接受炉内的辐射热和对流热(含屏空间辐射),$\mathrm{kJ/kg}$;

ε——管外灰污热阻,也称污染系数或灰污系数,一般烟气温度较高时应取较大值,$\mathrm{m^2 \cdot \mathcal{C}/kW}$ 或 $\mathrm{m^2 \cdot \mathcal{C}/W}$。

五、屏式受热面热力计算的步骤

屏式受热面热力计算的步骤包括:

(1) 假设屏区出口烟温,计算屏区烟气放热量。

(2) 计算屏吸收的炉内直接辐射热 Q_p^f。

(3) 计算屏区空间穿透辐射热 $Q_{pj}^{f\prime\prime}$。

(4) 假设附加受热面对流吸热量,得到屏对流吸热量的假设值。

(5) 由屏对流吸热量的假设值得到屏的总吸热量和工质侧出屏温度和出屏焓。

（6）计算屏区空间烟气辐射放热系数 α_f。

（7）计算烟气侧对流放热系数 α_d。

（8）计算屏的传热系数 K。

（9）计算屏的传热温压 Δt_1。

（10）计算屏的对流传热量 Q_p^{cr}，进行误差校核。

（11）附加受热面对流吸热量的计算和误差校核。

（12）计算进入下一级受热面的烟温和辐射热,本级受热面计算结束。

后屏过热器热力计算表见表 10-14。

六、悬吊管

悬吊管计算主要特点:

（1）和后屏过热器类似,也直接吸收炉膛辐射热。当管排少于 5 排时,将有部分炉膛辐射热落在其后的受热面上。

（2）悬吊管区域都布有其他附加受热面。

（3）悬吊管内的汽水混合物,在沸腾状态下进行换热,工质温度始终为饱和温度,不可求解工质侧热平衡式。

（4）悬吊管总吸热量包含对流吸热量和辐射吸热量。

（5）为减少计算工作量,将悬吊的顶棚管、悬吊管前面的部分作为后屏过热器的附加受热面,悬吊管后面的部分作为高温对流过热器的附加受热面。

第三节　高温对流过热器的设计及热力计算

一、高温对流过热器的结构型式及蒸汽流程

高温对流过热器分为冷段和热段两部分。蒸汽从屏出来后,先进高温对流过热器冷段,经过二级喷水减温后进入高温对流过热器热段。冷段在烟道两侧为逆流,热段在中间为顺流,冷段和热段的受热面积趋近。冷段和热段都为多管圈蛇形管型式,且为顺列布置。二级减温器布置在冷段出口到热段进口的连接集箱中。高温对流过热器的附加受热面只考虑顶棚管附加过热器。

二、高温对流过热器结构设计中的几点说明及设计步骤

（1）穿过悬吊管进入到高温对流过热器区域的辐射热全部被受热面吸收,不再进入到下一级过热器。

（2）为简化计算,布置在高温过热器区域的附加受热面只考虑顶棚过热器。

（3）结构设计时,通过先假定纵向管排数及水平烟道内可布置的单根管长来估算高温过热器和顶棚过热器的受热面积。

（4）通过计算蒸汽质量流速来验证过热器并列管根数和管圈数选取的合理性。

（5）结构设计时,高温过热器中烟气和工质的传热型式以逆流传热型式进行传热温差的估算。在热力计算中,高温过热器中烟气和工质的传热型式为冷段为逆流、热段为顺流的串联混合流型式,在传热温差计算时分别以逆流和顺流传热估算传热温差。

（6）结构设计以计算对流传热系数是否在合理范围为依据,初步确定结构的合理性。

三、高温对流过热器的热力计算及计算步骤

高温对流过热器的热力计算的步骤包括：

（1）确定烟气进口温度、进冷段蒸汽温度、进入高温过热器的总辐射热量；

（2）假设冷段出口蒸汽温度,根据二级减温水量计算出热段进口蒸汽温度；

（3）取主蒸汽温度为热段出口蒸汽温度,计算出高温过热器的吸热量；

（4）根据辐射吸热量,计算出高温过热器对流吸热量；

（5）假设顶棚管对流吸热量,计算出高温过热器的出口烟温；

（6）计算烟气和工质的平均温度作为定性温度；

（7）利用传热方程式分别计算冷段和热段的对流传热量；

（8）进行冷段和热段传热量计算误差的校核；

（9）若不满足,重新假设冷段出口蒸汽温度,并按前面步骤重新计算；

（10）若满足,进行顶棚管对流吸热量的计算,及计算误差校核；

（11）若不满足,重新假设顶棚管对流吸热量,按前面步骤重新计算；

（12）若满足,即本受热面计算结束。

其中,高温对流过热器热力计算中应计入可能穿透过来的炉膛辐射热,同时二级减温器对过热蒸汽参数的影响按实际情况计算。

四、热力计算结果校核及修正

（1）高温对流过热器热力计算判断标准：冷段和热段过热器的对流传热量的计算误差<2%,满足此条件后,进行顶棚对流传热量计算误差的判断,误差<10%,则热力计算结束,可进入低温对流过热器的计算。

（2）若冷段和热段过热器的对流传热量的计算误差≥2%,重新假设冷段出口蒸汽温度,进行吸热量和传热量的计算,如果多次循环后仍不能满足误差要求,则重新设计过热器结构,通过适当调整管间距及管根数改变换热面积,调节计算误差。若仍不行,则需要回到炉顶部辐射受热面计算处,调整减温水量和一次减温水量,保证进入屏过热器的蒸汽流量不变,重新进行炉顶棚、屏过热器和高温对流过热器的热力计算和校验。

第四节 低温对流过热器的设计及热力计算

一、低温对流过热器的结构设计

低温过热器的顶棚管在低温过热器的上面,与其平行受热,且相较低温过热器面积很

小,所以把顶棚管和低温过热器的面积相加,当作低温过热器的受热面积是可以的,误差极小。这样低温过热器的蒸汽进口是顶棚管的入口。

二、低温对流过热器结构设计步骤及说明

(1)为简化计算,布置在低温过热器区域的附加受热面只考虑顶棚过热器,且把其上部的顶棚过热器受热面加入低温对流过热器中,当作低温对流过热器进行设计。

(2)低温对流过热器的质量流量与顶棚过热器蒸汽流量相同,为额定蒸汽流量减去减温水的流量,其中,中参数中压锅炉的减温水量为 $2\%\sim5\%D$,高参数大容量锅炉的减温水量为 $3\%\sim5\%D$ 左右。

(3)结构设计时,先进行工质吸热量、烟气放热量和传热量的平衡方程计算,求出烟气出口温度,之后确定传热温差;通过假定对流传热系数,求出计算传热面积。

(4)根据管间距和烟道宽度,确定横向管排数、管圈数和进口管根数,验算管内蒸汽质量流速是否在要求范围内。

(5)再确定纵向管排数,选取纵向管间距,进行单根管长的计算,之后确定对流过热器的换热面积。

(6)若布置的换热面积与计算的传热面积误差在 2% 及以内,则结构设计合理;反之,重新选取管间距进行换热面积的布置计算。

三、低温对流过热器的热力计算步骤

低温对流过热器的热力计算的步骤包括:
(1)已知进口烟气温度和进口蒸汽温度;
(2)假设出口蒸汽温度,计算出低温过热器的对流吸热量;
(3)计算出口烟气温度;
(4)根据辐射吸热量,计算出高温过热器的对流吸热量;
(5)计算烟气和工质的平均温度,并作为定性温度;
(6)利用传热方程计算对流传热量;
(7)进行对流传热量计算误差的校核;
(8)若不满足,重新假设出口蒸汽温度,并按前面步骤的重新计算;
(9)若满足,计算低温过热器出口减温后的蒸汽温度;
(10)此蒸汽温度与屏进口假设的汽温进行校核,误差满足则本计算结束;
(11)若不满足,把此蒸汽温度作为屏进口汽温,从屏开始重新计算。

四、低温过热器热力计算结束条件

(1)第一次减温后的蒸汽温度和屏进口蒸汽温度(这两个是同一个温度)的误差 $<\pm1℃$,否则要把计算后的第一次减温后的蒸汽温度作为屏进口蒸汽温度,从屏重新计算。

(2)过热蒸汽温度误差 $<\pm1℃$(在苏联标准上没有这个误差),否则要调整减温水量,大约是减少 1 t 减温水,可以提高 $2℃$,从炉膛顶棚重新计算。

第五节　减温水量校核

在整个过热器各级设计计算中,所喷入的减温水量为估计值,其值的准确性需要进行校核,校核的方法为将各级过热器中传递给蒸汽的总热量(包括所有辐射热和对流热之和)与锅炉的蒸发量从汽包出口的饱和蒸汽到送出的过热蒸汽所得到的热量提升值之差值除锅炉给水与汽包出口饱和蒸汽焓差,所得的减温水量和估计值的相对误差 $\leqslant \pm 5\%$。

减温水量的计算及误差校核步骤:

(1) 计算饱和蒸汽经过顶棚管到高温过热器出口所吸收的全部热量;

(2) 计算锅炉额定蒸汽量从饱和温度到锅炉出口蒸汽温度所吸收的热量;

(3) 依据减温水计算公式获得计算减温水量;

(4) 进行减温水量的计算误差校核,若满足,进入下一个受热面的计算;

(5) 若不满足,以计算减温水量作为新减温水量,重新调整一次减温水和二次减温水的流量,并返回炉膛顶棚管受热面重新计算;

(6) 若满足,过热器所有计算结束。

思　考　题

1. 叙述屏式过热器结构设计步骤。

2. 叙述屏式过热器校核热力计算的步骤。

3. 如何计算屏式过热器的受热面积?和其他过热器受热面积有何不同?

4. 如何计算炉膛进入屏区的直接辐射热?

5. 为什么要计算屏入口对出口的角系数?

6. 如何计算屏区附加受热面的吸热量?

7. 为什么要假定屏的入口汽温,如何校正?

8. 本锅炉高温过热器是如何布置的?这样布置有什么优点?

9. 叙述高温过热器结构设计步骤。

10. 叙述高温过热器校核热力计算的步骤。

11. 计算高温过热器时如何假设冷段和热段的出口汽温?又如何修正?

12. 叙述低温过热器的结构设计步骤。

13. 低温过热器计算中有顶棚过热器附加受热面的计算吗?

14. 说明过热器计算中的允许误差。

15. 过热器系统减温水量是如何校正的?

第七章 尾部受热面的设计及热力计算

第一节 尾部受热面的设计要求

省煤器和空气预热器布置在对流烟道的最后，常布置在竖直烟井中，因进入到这些受热面中的烟气温度已不高，故把这两部分统称为尾部或低温受热面。在承受压力的受热面中，省煤器金属的温度最低，在整台锅炉机组中，空气预热器金属的温度最低。

据尾部受热面的工作特点，设计时主要考虑以下要求：

1. 尾部受热面布置方式要求

在大、中型锅炉中，过热器后的烟温大都在 600 ℃ 以上，则必须将一部分省煤器布置在过热器后面的高温烟道里，以保护空气预热器的安全工作。尾部受热面的传热温差较小，致使空气预热器和省煤器所消耗的钢铁量常占整台锅炉钢铁消耗量的 30% 左右。因此，应当合理地布置好尾部受热面，使空气预热器和省煤器总的金属消耗量最小。首先，应确定尾部受热面是采用单级还是双级布置。当锅炉的燃烧所要求的热空气温度较高时，为了保证空气预热器烟气进口处的温差，就应该将空气预热器分为两部分，与省煤器交错布置，即尾部受热面成双级布置。通常，在热空气温度 $t_{rk} \geqslant 300$ ℃ 时，即应考虑双级布置。

采用双级布置时，沿烟气流程尾部受热面的布置依次为高温级省煤器（上级省煤器）、高温级空气预热器（上级空气预热器）、低温级省煤器（下级省煤器）和低温级空气预热器（下级空气预热器）。单级尾部受热面布置方式的顺序为先省煤器，后为空气预热器。

双级布置的空气预热器中，高温级常采用管式空气预热器，低温级可采用管式空预器，也可以采用回转式空气预热器。管式空气预热器的管板为碳素钢，其工作温度不应超过 480～500 ℃，这就要求空气预热器进口处的烟气温度不能超过 530～550 ℃。

2. 尾部受热面温度分级要求

（1）尾部受热面双级布置时，因省煤器金属较贵，所以低温级省煤器冷端的温差应大于低温级空气预热器热端的温差。经过技术经济比较，在分配各级受热面吸热量时，低温级空气预热器出口空气温度应高于给水温度 10～15 ℃。给水温度的高、低既要影响锅炉所需受热面积的大小或燃料消耗量的多少，又要影响电厂热力循环效率的高低。表 7-1 给出不同蒸汽参数时，电厂回热循环中经常采用的给水温度。

表 7-1 不同蒸汽参数时的给水温度

工作压力（MPa）	3.9	10	14	17	22.5
给水温度（℃）	150	215	230	235	240

（2）低温级省煤器出口端水温应低于水沸点 40～50 ℃，保证进入第二级省煤器时不会发生汽化，以防止发生流量不均匀现象。低温级省煤器进口端的最小温差约为 40～50 ℃，低温级空气预热器出口端最小温差约为 25～40 ℃。

（3）尾部受热面在结构上不宜过长，过长时排烟烟道很难布置，一般希望排烟烟道的下缘标高在 2 m 以上（以锅炉房地面标高为零时）。

3. 尾部受热面高度及相对间距设计要求

各组受热面的高度和各组间所留空间的高度应考虑检修的方便，如当省煤器的受热面较多，整个管组沿烟气行程的高度较大时，可把它分成几段，每段高度约 1～1.5 m，段与段之间留出 0.8～1.0 m 的空间，管式空气预热器每级高度不宜超过 8 m 左右，且中间应尽量留有检查和吹灰孔位置。省煤器与空气预热器之间的空档要留出 800 mm，以便检修。对较大容量机组。由于要求预热空气温度高，在竖烟井内布置庞大的空气预热器发生困难，所以往往多采用回转式空气预热器。回转式空气预热器结构紧凑，但应考虑其漏风较大的问题。

4. 尾部受热面金属壁温的设计要求

尾部受热面设计时要考虑低温腐蚀、积灰和飞灰磨损问题。其中省煤器积灰和磨损是主要问题，而空气预热器除积灰、磨损以外，腐蚀是更突出的问题。减小积灰、磨损的措施主要是合理选择烟气流速，改进吹灰系统，以利减少积灰。防止低温腐蚀，除合理选择排烟温度外，最关键的因素是提高空气预热器烟气出口的金属壁温，对管式空气预热器烟气出口部分的金属温度 t_{pj} 可用下式计算：

$$t_{js} = \frac{0.8a_y\vartheta_y + a_k t_k}{0.95a_y + a_k} \qquad (7-1)$$

式中，ϑ_y、t_k ——烟气、空气的温度，℃；

a_y、a_k ——烟气侧和空气侧的放热系数，$W/(m^2 \cdot ℃)$。

对于回旋式空气预热器，烟气出口部分的金属温度按下式计算：

$$t_{js} = \frac{x_y a_y \vartheta_y + x_k a_k t_k}{x_y a_y + x_k a_k} \qquad (7-2)$$

式中，x_y 和 x_k ——烟气和空气通流面积所占总通流面积的份额。

当没有采取防护措施时，为避免金属腐蚀，金属壁温应比烟气的露点高 10 ℃，但这将导致排烟温度过高，尤其用高硫燃料时，排烟温度将更高。为此，在烧高硫固体燃料时，可使空气预热器冷端金属温度在下述范围内：$(t_{ld} + 25 ℃) > t_{js} > 105 ℃$（$t_{ld}$ 为烟气露点）。这时的排烟温度不致过高，受热面的腐蚀速度每年不超过 0.2 mm，而堵灰也不致过于严重。

5. 低温腐蚀防范措施及要求

在设计锅炉时，常采用的一些防止低温腐蚀的措施如下：

（1）提高空气预热器入口空气温度，以提高空气预热器冷端受热面金属壁温，使腐蚀减轻，因此，在燃烧高硫燃料的锅炉中，有的采用暖风器或采用热空气再循环，把冷空气温度适当提高后，再进入空气预热器。

图 7-1 所示热空气再循环系统的两种方式：（a）图中，部分热空气被送风机吸入，与冷空气混合后再送入预热器，可提高进风温度；（b）图中，另加了一只再循环风机。再循环的风量越大，进风温度升高得越多。但是，进风温度升高会使排烟温度也升高，因而排烟热损

失将增大。采用热空气再循环的另一缺点是通风机的电耗量增大了。通常采用这种方式时只是用来将冷空气温度提高到 50~65 ℃，而对锅炉效率影响不大。对于高硫燃料，烟气露点超过 120 ℃时，采用这种方式是不适宜的。

另一种提高冷空气温度的方法是使用暖风器，即用汽轮机的抽汽来加热冷空气。蒸汽加热器在送风机与预热器之间，对送风机的电耗影响不大，但仍会提高锅炉的排烟温度。

（2）减小 SO_3 的生成份额，燃料燃烧时，炉膛温度越高，过量空气系数愈小，则燃烧中生成的 SO_2 被氧化为 SO_3 的份额就越小。因此，烧含硫高的煤时，采用燃烧温度高、过量空气系数小的液态排渣煤粉炉，会使烟气的露点低一些，腐蚀情况改善。

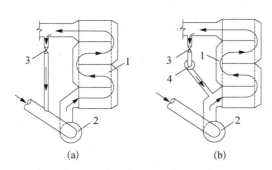

| 图 7-1 热空气再循环系统 | 图 7-2 卧式管式空气预热器 |

1—空气预热器；2—送风机；3—调节挡板；4—再循环风机

（3）把管式空气预热器管子平放，烟气在管外横向冲刷受热面，空气在管内纵向流动。由于空气纵向流动，空气侧放热系数较小，所以管壁温度较接近烟气的温度，管壁温度提高，腐蚀情况也可以改善。这种空气预热器的结构如图 7-2 所示。

（4）国内燃烧高硫燃料的锅炉也有采用玻璃管空气预热器的，在防止腐蚀方面有一定的成效。回转式空气预热器可以采用陶瓷制成的蜂房状的蓄热板，作为低温的蓄热层，或用抗腐蚀性较强的低合金钢板，并采用抽屉式的易更换组件。由于这种结构容易堵灰，还应配以吹灰及水冲洗装置。

（5）减少烟道漏风，不至于因漏风而增加烟气中氧和水分的含量。

6. 工质流动阻力要求

省煤器中水的流动阻力，对于中压锅炉，应小于汽包压力的 8%；对于高压、超高压锅炉，应小于汽包压力的 5%。

第二节　省煤器的设计及热力计算

一、省煤器的型式及设计参数

省煤器有钢管式和铸铁管式两种。铸铁管式耐腐蚀，但不能承受高压，目前已不用于电厂锅炉。钢管式省煤器设计参数的选取方法如下：

1. 管径和管壁厚度

现代大型锅炉中一律采用钢管式省煤器，钢管外径约在 28～42 mm，管壁厚度 4～5 mm，常采用 20 号碳钢管。为使结构紧凑，国内电厂的省煤器管子可采用鳍片管（图 7-3），它占据空间小，通风阻力不大，适宜提高锅炉出力。

2. 省煤器布置及管间距

钢管式省煤器为蛇形管形式，多采用水平布置，为使结构紧凑，减少积灰，管子大多为错列布置（错列时每 m³ 空间能放下更多的受热面）。也有因采用管子支吊而做成顺列布置的，现在的大型电站锅炉多采用顺列布置。蛇形管的两端与进水联箱和出水联箱相连。联箱一般均布置在锅炉烟道外面（图 7-4），但为减少漏风也有少数设计将低温处的进水联箱放在烟道内的。省煤器的管子固定在支架上，支架支承在横梁上，而横梁则与锅炉钢架相连接。横梁位于烟道内，受到烟气的冲刷，为避免过热，多将横梁做成空心，外部用绝热材料包起来，或者把它接到送风系统，用空气冷却。

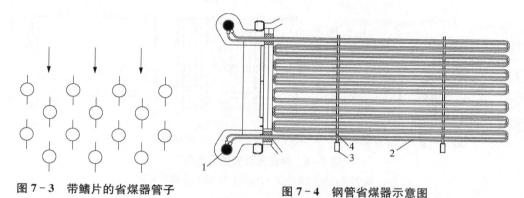

图 7-3　带鳍片的省煤器管子

图 7-4　钢管省煤器示意图

1—联箱；2—蛇形管；3—空心支撑梁；4—支架

省煤器在烟道中的布置，可以垂直于锅炉前墙，也可以同锅炉前墙平行（图 7-5）。管子的方向不同，则管子的数目和水的流通截面就不同，因而水的流速也不一样。通常锅炉的竖

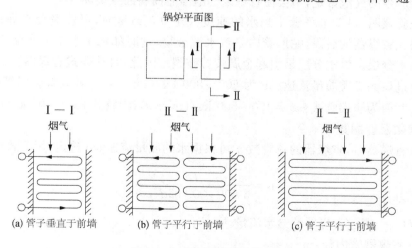

图 7-5　省煤器蛇形管布置

井烟道宽度大而深度小,当管子垂直于前墙布置时,并列管数多,管中的水速较小。

当蛇形管垂直于锅炉前墙时管子支吊简单,因为烟道的深度较小,在两端弯头附近支吊已经足够。但从飞灰对管子的磨损来看,这种布置是不利的。当烟气由水平烟道向下转入竖井烟道时,烟气转弯90°[图7-6(a)],由于离心力的作用,所以烟气中的固体质点多集中在后墙附近,结果所有蛇形管都会遭受严重的飞灰磨损。如果蛇形管平行于前墙[图7-6(b)],则只有后墙附近几根蛇形管的磨损比较严重,磨损后只需更换少数蛇形管即可。

省煤器各并列管子的排列采用横向相对管距s_1/d略大于2(使两排管子之间能放下支撑结构),纵向相对管距s_2/d与管子弯曲半径有关。弯曲半径越小,管子间的距离越小,整个省煤器的体积就越小,结构紧凑;但弯头处管子的变形越严重,使弯曲管外壁变薄,管壁强度降低。因此,在设计时一般管子的弯曲半径R大于1.5~2倍管子外径。

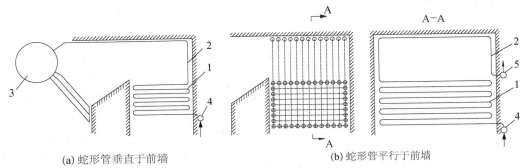

(a) 蛇形管垂直于前墙　　　　　　　　　　(b) 蛇形管平行于前墙

图7-6　省煤器及受热引出管

1—蛇形管;2—引出管;3—汽包;4、5—进口和出口联箱

3. 工质流速

省煤器蛇形管中水流速度不仅影响传热,而且对金属的腐蚀也有一定的影响。不管烟气是自下向上还是自上向下流,省煤器中的水总是设计成由下向上流,因为这样流动能把水在受热时所产生的气泡带走,不会使管壁因气泡停滞而腐蚀或烧坏。

运行经验表明,对于水平管子当水的速度大于0.5 m/s时,可以避免金属的局部氧腐蚀。在沸腾式省煤器的后段,蛇形管内是汽水混合物,这时如水平管中的水流速度较小,就容易发生汽水分层。汽水分层易引起金属疲劳破裂。因此,对沸腾式省煤器,在额定负荷下要求蛇形管进口的工质质量流速ρw为600~800 kg/(m²·s)。对流省煤器管内平均工质质量流速推荐值为非沸腾式$\rho w = 400~500$ kg/(m²·s),沸腾式$\rho w = 600$ kg/(m²·s)。

4. 总管数及管圈数

在设计省煤器时,省煤器的总管数n可根据水的质量流速ρw选定,用下式计算:

$$n = \frac{D}{3\,600 \times 0.785 d_n^2 \rho w} \tag{7-3}$$

式中,D——通过省煤器的给水流量,kg/h;

d_n——省煤器管内径,m。

在省煤器的总管数决定以后,就可以根据管间横向节距s_1决定省煤器管簇的横向排数

n_1 和管圈数 Z_1。

5. 烟气流速

烟气在省煤器中的流速高,传热较强可节省受热面,但也增加了风机耗电量,同时也增加了受热面磨损的速度。根据国内的调查,省煤器竖井中的烟速不宜超过 9 m/s,否则会引起严重磨损(受热面磨损每年达 $0.5 \sim 0.6$ mm)。烟气流速过低也是不合适的,当降低到 $2.5 \sim 3$ mm,就很容易发生受热面堵灰。由此可见,烟气流速上、下限的选择原则是与对流过热器相同的。

省煤器的烟速在额定负荷下的设计值一般为 $w_y = 7 \sim 13$ m/s,煤种灰分多时取低值,灰分少时取较高数值。如燃用少灰的固体燃料或油、气时,按磨损条件允许的烟气流速在额定负荷下的设计值 $w_y > 10 \sim 11$ m/s,可根据经济烟速确定。推荐的省煤器(20 号钢)的经济烟气流速 w_y 当错列管束时选取 13 ± 2 m/s,顺列管束可比错列增加 40%。

选取烟气流速时还应注意,因气体的容积与温度有关,所以一般高温级均选用高限,这样就不至于在低温级出现烟速过低的现象。选取烟气流速以后,就可以结合受热面的结构设计确定省煤器烟道尺寸,如果对流竖井烟道入口第一组受热面为省煤器,那么确定的烟道尺寸也就是尾部烟道的尺寸(尾部烟道的宽度一般取大约等于炉膛宽度)。

二、省煤器的结构型式及布置方式

省煤器布置在尾部烟道中,本课设省煤器采用平行于前墙,双面进水、(单)双管圈、错列布置。省煤器的水从下集箱流入,上集箱流出,为逆流传热方式。省煤器采用平行于前墙布置方式可以有效降低局部受热面磨损导致的维修成本的增加;双面进水可增加进水管根数,减少管内水工质的流动阻力。错列布置方式可以降低省煤器的积灰,提高传热性能。

三、省煤器出口水温的计算

(1) 计算省煤器出口水经炉膛和过热器受热面所吸收的全部热量;

(2) 依据热平衡计算获得省煤器的出口水焓;

(3) 根据省煤器出口水压及出口水焓查表获得省煤器的出口水温。

四、省煤器结构设计步骤及说明

1. 上级省煤器结构尺寸设计步骤包括:

(1) 选取管径、壁厚,管子的横向截距,纵向截距,管圈数;

(2) 设定烟道宽度等于炉膛宽度;

(3) 预估烟道深度,计算横向管排数和错列横向管排数;

(4) 确定省煤器中的水流量,计算水流速;

(5) 校核水流速误差,否则调整烟道深度和微调横向截距;

(6) 计算烟气流速,校核计算误差,否则调整烟道深度和微调横向截距;

(7) 假定纵向排数,计算管束深度和单根管长度;

(8) 计算上级省煤器的受热面积;

(9) 选取管束前气室高度;

(10) 确定管束布置高度。

2. 下级省煤器受热面预估及结构尺寸计算步骤

下级省煤器受热面积预估计算步骤包括：

（1）已知下级省煤器进口水压和水温，烟气进口温度；

（2）设定下级省煤器出口水温为上级省煤器的进口水温，计算水吸热量；

（3）计算出烟气出口温度；

（4）计算传热温压；

（5）选取传热系数，根据传热量计算出计算传热面积。

下级省煤器结构尺寸计算步骤包括：

（1）下级省煤器结构尺寸计算步骤同上级计算步骤，获得布置的受热面积；

（2）进行计算传热面积和布置受热面积计算误差校核，使其在合理范围；

（3）若不满足，调整烟道深度中间的分隔深度，直到误差校核满足要求。

五、省煤器的热力计算步骤

1. 上级省煤器热力计算的步骤包括：

（1）计算省煤器的出口水温；

（2）假设上级省煤器的进口水温，计算上级省煤器的对流吸热量；

（3）计算出烟气出口温度；

（4）计算烟气和工质的平均温度，并作为定性温度；

（5）利用传热方程计算对流传热量；

（6）进行对流传热量计算误差的校核；

（7）若不满足误差要求，重新假设上级省煤器的进口水温，再重新计算。

2. 下级省煤器热力计算的步骤包括：

（1）已知省煤器进口水温和进口烟气温度；

（2）假设烟气出口温度，计算下级省煤器的对流吸热量；

（3）计算出下级省煤器的出口水温；

（4）计算烟气和工质的平均温度，并作为定性温度；

（5）计算对流传热系数，并与结构设计中选取的传热系数进行对比，若误差很小，则继续下列计算步骤；若误差较大，但传热系数在设计范围内，则把热力计算里得到的传热系数带到结构设计中，重新计算传热面积和布置传热面积；若传热系数超过要求范围，则调整结构设计中的烟气流通深度、横向管截距等，再重新计算。

（6）利用传热方程计算对流传热量；

（7）进行对流传热量计算误差的校核；

（8）若不满足，重新假设烟气出口温度，再重新计算；

（9）若满足，判断下级省煤器出口水温和上级省煤器进口水温的计算误差；

（10）若温度误差校核满足条件，进入下一个受热面的计算；

（11）若不满足误差条件，把计算出的下级省煤器出口水温假设为上级省煤器的入口水温，从上级省煤器开始重新计算。

第三节　空气预热器的设计及热力计算

一、管式空气预热器的结构设计方法

空气预热器有管式、回转式两种类型。管式空气预热器由直径为 25～51 mm、厚度为 1.25～1.5 mm 的管子制成，管子两端焊接到管板上，形成具有一定受热面的立方体，其结构如图 7-7 所示。

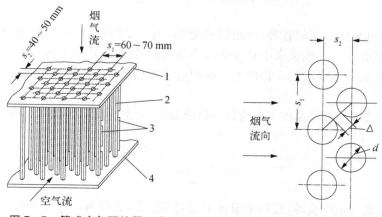

图 7-7　管式空气预热器示意　　　图 7-8　空气预热器管子排列

通常烟气在管内纵向流动，空气从管子间的空间横向流过（也有空气在管内流动的），沿空气的流动方向管子交错排列，常用的管距如下（图 2-45）：$s_1/d=1.5～1.75$，$s_2/d=1～1.25$，在选用 s_1、s_2 时应注意使两管间的斜向管间距离数值 Δ 不得小于 10 mm。如 Δ 值太小，则管板在管子焊接时会发生过大的变形。

如果在决定 s_1、s_2 时预先考虑使横向管间距离 s_1-d 等于斜向管间距离 Δ 之 2 倍，则空气气流在管簇中流动时不会有过多的收缩、膨胀，因而流阻较小。根据计算，对于常用的 ϕ 40×1.5 mm 的管式空气预热器，表 7-2 所列的一些 s_1、s_2 的配合是比较合适的。

表 7-2　管式空气预热器管间距离 s_1、s_2　（mm）

横向节距 s_1	60	64	68	72	77	82
纵向节距 s_2	40	41	42	43	44	45

管式空气预热器的布置要适合于锅炉的整体布置。图 7-9 为管式空气预热器的几种布置方式，不同方式会影响烟气和空气的流速。多道式更接近于逆流传热，传热温差最大，单道交叉流动式的传热温差较小，图 7-9(c) 中，空气为双流程，可增大空气的流通截面，或者说可降低每个流道的高度。在图 7-9(d) 的设计中，空气一次通过，烟气则上下绕行两次。

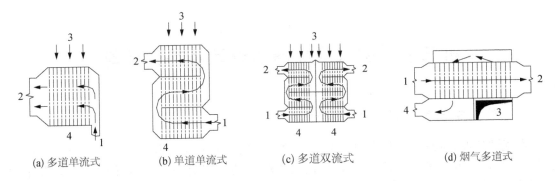

图7-9 管式空气预热器布置方式

1,2——空气进口和出口；3,4——烟气进口和出口

不同的设计可采用不同的管径,所用管径越小,则管子的数目就越多;按一定受热面来说,管子长度也就越小。一般说来小管径的预热器比较紧凑,占用空间较小。但是小直径的管子价格较高、运行中容易堵塞。目前电厂锅炉空气预热器多采用外径为 40 mm 和 51 mm 的管子。

空气预热器管板的金属温度 t 大约为进口烟温 ϑ'_{ky} 和出口热空气温度 t''_{ky} 的平均值(实际上还要高些),即

$$t = \frac{\vartheta'_{ky} + t''_{ky}}{2} \tag{7-4}$$

当热空气温度为 400 ℃时,进口烟温应不超过 550 ℃,否则要用合金钢板。

空气预热器中烟气与空气流动的方向互相垂直,为交叉流动,但当空气预热器较大时,空气常设计成有几个流程、而总的流动方向是逆流,这样可以得到较高的传热温差[图7-9(c)]。

管式空气预热器烟气流速选择的原则与省煤器相同。由于烟气是顺管内流动的,飞灰对管子的磨损较小,所以选用的烟速不低于 8 m/s,一般采用 10~14 m/s 的烟速(低温级取较小值,高温级取较大值)。但是预热器的传热系数取决于烟气侧放热系数 a_y 和空气侧的放热系数 a_k,为了最经济地使用受热面,应使 $a_y \approx a_k$。因此,空气流速 w_k 和烟气流速 w_y 的比值最好为 $w_k/w_y \approx 0.45 \sim 0.55$。

当已知管式空气预热器出入口烟温、风温和它的吸热量时,即可按以下步骤设计管式空气预热器:

(1)选定烟气流速 w_y,决定管数 n。

$$n = \frac{B_j V_y}{3\ 600 \times 0.785 d_n^2 w_y}\left(1 + \frac{\vartheta}{273}\right) \tag{7-5}$$

式中,B_j ——计算燃料消耗量,kg/h;

V_y ——烟气容积,Nm³/kg;

d_n ——管子内径,m;

ϑ ——烟气平均温度,℃。

(2)决定 s_1、s_2,求出 Δ 值,并根据尾部烟道的宽度 a 及深度 b_1(a 及 b_1 应与省煤器处的

数值基本上相同)排列管子,使能在此面积上以合理的管距排列好。如果排不下则可适当调整烟气流速(实际解决不了时,可更改省煤器的尺寸)。

（3）假定流程的高度。决定受热面面积(面积按平均管径计算),并进行热力计算,看是否能传递应传的热量,不合适时,改变流程高度重新计算,至二者(热平衡方程式和传热方程式求得的吸热量)相符或误差小于±2%为止。

（4）校核空气流速是否是烟气流速的45%左右,如相差过多,则改变流程数(或改变管距 s_1),可使空气流速合乎以上的要求。如果空气流速太高,可将流程数减少(或将 s_1 加大)。

大型锅炉,由于锅炉的宽度相对地小一些,空气的流速有过高的倾向,为解决此问题常采用两侧进出气的方案,如图 7-10(b)所示。大型锅炉采用前后两侧进出气的方案以后,可增大空气的流通截面,还可降低空气侧的流阻(因空气所流经的管子排数减小)。

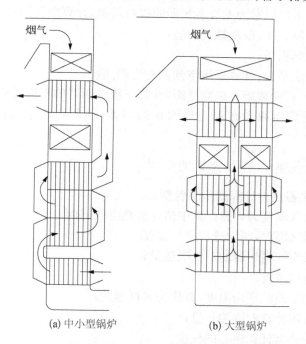

(a) 中小型锅炉　　　　　　　　(b) 大型锅炉

图 7-10　中小型和大型锅炉空气预热器布置方案

二、管式空气预热器结构型式及布置方式

上级空气预热器为管式空气预热器,布置在尾部烟道中的上级省煤器的下面,采用前后墙双面进风方式,错列、交叉流布置。

下级空气预热器同为管式空气预热器,布置在尾部烟道中的下级省煤器的下方,本课设采用前后墙双面进风方式,错列、多通道逆流布置。通道数可根据结构设计和设计参数确定。

三、管式空气预热器结构设计方法及步骤

1. 上级空气预热器结构设计步骤包括：

（1）选取管子规格、横向管截距和纵向管截距；

(2) 根据烟道深度计算横向管排数；

(3) 假定空气预热器的出口烟温，计算平均烟温；

(4) 选取烟气流速，计算管子总根数；

(5) 计算单侧进风纵向管排数，以及单侧进风纵向深度；

(6) 假定管子高度以及行程数(通道数)，计算单侧进风口高度；

(7) 假定空气进口温度，计算空气平均温度；

(8) 计算空气流速，校核空气流速相对烟气流速的比值尽可能在范围内；

(9) 若误差较大，可调整管子高度或行程数。

2. 下级空气预热器结构设计步骤包括：

(1) 假定空气进口温度(即环境温度)；

(2) 设定预热器出口风温为上级空预器的进口风温，计算空气均温；

(3) 计算烟气出口温度，以及烟气均温；

(4) 计算对流传热温压；

(5) 选取对流传热系数，计算下级空预器的受热面积；

(6) 选取管规格、横向截距和纵向截距，计算下级空预器的布置受热面积；

(7) 校核计算受热面积和布置受热面积的误差，使其在要求范围内，否则调整布置结构。

四、管式空气预热器热力计算的步骤

1. 上级空气预热器热力计算的步骤包括：

(1) 假设出口空气温度为炉膛计算中估计的热空气温度；

(2) 已知进口烟气温度，假设进口空气温度；

(3) 计算出上级空气预热器的对流吸热量；

(4) 计算烟气出口温度；

(5) 计算烟气和工质的平均温度，并作为定性温度；

(7) 利用传热方程计算对流传热量；

(8) 进行对流传热量计算误差的校核。

2. 下级空气预热器热力计算的步骤包括：

(1) 已知空气进口温度和烟气进口温度；

(2) 假设空气出口温度，计算出下级空气预热器的对流吸热量；

(3) 计算出下级空气预热器的出口烟温；

(4) 计算烟气和工质的平均温度，并作为定性温度；

(5) 利用传热方程分别计算对流传热量；

(6) 进行对流传热量计算误差的校核；

(7) 若不满足，重新假设空气出口温度，再重新计算；

(8) 若满足，进行下级空气预热器出口风温和上级空气预热器进口风温的计算误差校核，若不满足，从上级空气预热器开始重新计算；

(9) 若满足，进行空气预热器出口烟温和锅炉热平衡计算中估计的排烟温度计算误差校核，若不满足，从锅炉热平衡开始重新计算；

（10）若满足，尾部受热面计算结束。

思　考　题

1. 什么是尾部受热面？

2. 双级布置的尾部受热面是如何布置的？

3. 为什么尾部受热面有采用双级布置？

4. 上级省煤器的出口水温是如何计算的？

5. 叙述省煤器结构设计方法。

6. 叙述省煤器校核热力计算步骤。

7. 叙述空气预热器中空气是如何流动的？

8. 叙述空气预热器结构设计方法。

9. 省煤器和空预器中间温度差的允许值是多少？

10. 如果计算时排烟温度或热风温度误差过大，如何处理？

第八章 锅炉热力计算误差 检查及汇总

锅炉机组各受热面的热力计算完成后,要依据最终计算的排烟温度值去校准锅炉排烟热损失、锅炉机组的热效率以及锅炉计算燃料消耗量。同时,以上级空气预热器的出口风温,校准炉膛辐射吸热量。

第一节 尾部受热面热力计算误差检查

尾部受热面计算误差检查表见表 8-1。

表 8-1 尾部受热面计算误差检查

序号	名　称	符号	单位	公　式	结　果
1	下级省煤器出口水温	t''_{xs}	℃	查表 10-32	
2	上级省煤器进口水温	t'_{ss}	℃	查表 10-26	
3	计算误差	Δt_{sm}	℃	允许计算误差为 ±10 ℃	
4	下级空气预热器出口风温	t''_{zk}	℃	查表 10-35	
5	上级空气预热器进口风温	t'_{sk}	℃	查表 10-29	
6	计算误差	Δt_{ky}	℃	允许计算误差为 ±10 ℃	

注:如果省煤器和空气预热器计算误差超过允许值,尾部受热面应重算。

第二节 锅炉整体热力计算误差检查

根据《标准》中的公式,即下式进行锅炉换热量的平衡计算及其误差检查:

$$\Delta Q = Q_r \cdot \frac{\eta}{100} - \left(Q_f + Q^d_{pq} + Q^d_{nz} + Q^d_{ggq} + Q^d_{dg} + Q^d_{ss} + Q^d_{xs} \right) \left(1 - \frac{q_4}{100} \right) \quad \text{kJ/kg}$$

锅炉整体热力计算误差检查见表 8-2。

表 8 - 2 锅炉整体热力计算误差检查

序号	名 称	符号	单位	公 式	结果
1	假定的热风温度	t_{rk}	℃	查表 10 - 12	
2	上级空气预热器出口风温	t''_{sk}	℃	查表 10 - 29	
3	计算误差	Δt_{rk}	℃	允许计算误差为 ± 40 ℃	
4	假定的排烟温度	ϑ_{py}	℃	查表 10 - 6	
5	计算得到的排烟温度	ϑ''_{xk}	℃	查表 10 - 35	
6	计算误差	$\Delta\vartheta_{py}$	℃	允许计算误差为 ± 10 ℃	
7	炉膛有效辐射热量	Qf	kJ/kg	查表 10 - 12	
8	屏区受热面总对流吸热量	Q^d_{pq}	kJ/kg	查表 10 - 15	
9	悬吊管区域对流吸热量	Q^d_{nz}	kJ/kg	查表 10 - 16	
10	高温过热器区域对流吸热量	Q^d_{ggq}	kJ/kg	查表 10 - 19	
11	低温过热器区域对流吸热量	Q^d_{dg}	kJ/kg	查表 10 - 22	
12	高温省煤器区域对流吸热量	Q^d_{ss}	kJ/kg	查表 10 - 26	
13	低温省煤器区域对流吸热量	Q^d_{xs}	kJ/kg	查表 10 - 32	
14	总有效吸热量	$\sum Q$	kJ/kg	$Qf + Q^d_{pq} + Q^d_{nz} + Q^d_{ggq} + Q^d_{dg} + Q^d_{ss} + Q^d_{xs}$	
15	燃料带入热量	Q_r	kJ/kg	查表 10 - 6	
16	锅炉热效率	η	%	查表 10 - 6	
17	机械未完全燃烧热损失	q_4	%	查表 10 - 6	
18	热平衡计算误差	ΔQ	kJ/kg	$Q_r \cdot \dfrac{\eta}{100} - \sum Q\left(1 - \dfrac{q_4}{100}\right)$	
19	计算相对误差		%	$100 \times \Delta Q / Q_r$	

注意：① 如果热风温度误差超过允许值,须将计算值代回炉膛重新计算。
② 如果排烟温度误差超过允许值,须将计算值代回热平衡重新计算。
③ 如果热平衡误差超过允许值,须将热风温度、排烟温度计算值代回热平衡重新计算。

第三节　锅炉热力计算汇总

表9-3　热力计算汇总表

名　　称	符号	单位	炉膛	后屏过热器	悬吊管	高温过热器冷段	高温过热器热段	低温过热器	上级省煤器	上级空气预热器	下级省煤器	下级空气预热器
管径	$d \times \delta$	mm										
受热面积	H	m^2										
进口烟温	ϑ'	℃										
出口烟温	ϑ''	℃										
介质进口温度	t'	℃										
介质出口温度	t''	℃										
烟气流速	w_y	m/s										
介质质量流速	$\rho\omega$	$\dfrac{kg}{(m^2 \cdot s)}$										
介质流速	ω	m/s										
传热系数	K	$\dfrac{W}{(m^2 \cdot ℃)}$										
传热温差	Δt	℃										
吸热量	Q	kJ/kg										
附加热量	Q^{fj}	kJ/kg										
热量占比		%	汽化热占比（含悬吊管）			（过热热占比）			（预热热占比）			

思　考　题

1. 锅炉热平衡的允许计算误差是多少?
2. 如果锅炉热平衡的计算误差超过允许值,如何处理?
3. 在进行锅炉机组热量平衡时,空气预热器的换热量为什么不计入平衡热量?

第九章　锅炉总图的绘制

课程设计应完成锅炉本体总图一张(纵剖面图),总图的绘制要求如下:

(1) 总图中必须示出锅炉的主要部分,水冷壁系统、过热器、省煤器、空气预热器、炉膛、燃烧装置、汽包、减温器、炉墙及锅炉各部分连接管道等。

(2) 图中必须表示出所有受热面的相互联系。

(3) 图中必须注明各部件的主要尺寸,整个锅炉的主要尺寸(外形尺寸和标高等),锅炉主要部件的相对位置尺寸。

(4) 制图要求用铅笔绘制,并按制图标准要求进行。对图纸中每一图形、尺寸、线条要弄清楚其作用,根据和意图。

(5) 图面要整洁,文字要工整,图面匀称,线条清晰。

(6) 图标绘在图纸右下角,图标格式如下:

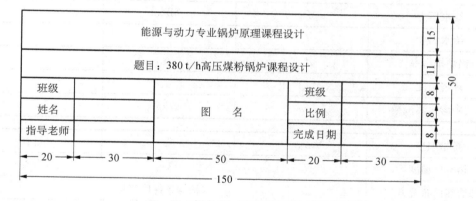

第十章 高压煤粉锅炉课程 设计计算实例

第一节 设 计 任 务 书

1. 锅炉设计参数

锅炉蒸发量	D	t/h	
过热蒸汽压力	P_{gr}	MPa	
过热蒸汽温度	t_{gr}	℃	
汽包蒸汽压力	P	MPa	
给水压力	P_{gs}	MPa	
给水温度	t_{gs}	℃	
锅炉排污率	d_{pw}	%	
环境温度	t_{lk}	℃	
空气中含水蒸汽量	m'	g/kg	

排烟温度	ϑ_{py}	℃	（自查）
热空气温度	t_{rk}	℃	（自查）
尾部受热面布置方式		（根据条件确定）	

制粉系统	（根据条件确定）	磨煤机	（自定）	送粉方式	（自定）
燃烧方式	四角切圆燃烧				
排渣方式	固态排渣				

2. 燃料特性

燃料序号	（查看附录 A，根据学号选取燃煤）	
燃料名称		
收到基成分	单 位	数 值
C_{ar}	%	
H_{ar}	%	

收到基成分	单 位	数 值
O_{ar}	%	
N_{ar}	%	
S_{ar}	%	
M_{ar}	%	
A_{ar}	%	
V_{daf}	%	
$Q_{net.ar}$	kJ/kg	
灰熔点：		
DT	℃	
ST	℃	
FT	℃	
煤的可磨性系数		

第二节 燃料的数据校核和煤种判别

1. 煤的元素各成分之和为 100% 的校核

$$C_{ar} + H_{ar} + O_{ar} + N_{ar} + S_{ar} + A_{ar} + M_{ar} = 100\%$$

2. 煤种判别

表 10-1 燃料的数据校核和煤种判别表

序号	名 称	符号	单位	计算公式及数据	结果
1	数据校核		%	$C_{ar} + H_{ar} + O_{ar} + N_{ar} + S_{ar} + A_{ar} +$ $M_{ar} = 100\%$	
2	干燥基与收到基成分换算系数	K_d		$\dfrac{100}{100 - M_{ar}}$	
3	干燥基灰分	A_d		$K_d A_{ar}$	
4	收到基低位发热量的计算	$Q'_{net.ar}$		$339 C_{ar} + 1\,030 H_{ar} - 109(O_{ar} - S_{ar})$ $- 25 M_{ar}$	
5	发热量正确与否判别				
6	折算水分	M_{zs}^{ar}	%	$4\,187 \dfrac{M_{ar}}{Q_{net.ar}}$（$M_{zs}^{ar} > 8\%$ 为高水分）	

序号	名　称	符号	单位	计算公式及数据	结果
7	折算硫分	S_{zs}^{ar}	%	$4\,187\dfrac{S_{ar}}{Q_{net.ar}}$（$S_{zs}^{ar}>0.2\%$ 为高硫分）	
8	折算灰分	A_{zs}^{ar}	%	$4\,187\dfrac{A_{ar}}{Q_{net.ar}}$（$A_{zs}^{ar}>4\%$ 为高灰分）	
9	煤种性质				

第三节　锅炉整体布置的确定

根据各自煤种情况对下列四个部分展开描述。

1. 锅炉整体外形布置——选 Π 形布置

2. 受热面布置

3. 锅炉汽水系统

（1）过热蒸汽系统流程

（2）水系统流程

4. 锅炉布置简图

第四节　燃料燃烧计算

理论空气量、理论烟气量以及烟气各成分容积的计算列于表 10-2 中。

表 10-2　燃烧计算表

序号	名　称	符号	单位（标准状态下）	计算公式及数据	结果
1	理论空气量	V^0	m^3/kg	$0.088\,9(C_{ar}+0.375S_{ar})+0.265H_{ar}-0.033\,3\,O_{ar}$	
2	理论氮容积	V_{N2}^0	m^3/kg	$0.79V^0+0.008\,N_{ar}$	
3	RO_2 容积	V_{RO2}	m^3/kg	$0.018\,66\,C_{ar}+0.007S_{ar}$	
4	理论干烟气容积	V_{gy}^0	m^3/kg	$V_{N2}^0+V_{RO2}$	

续　表

序号	名　称	符号	单位（标准状态下）	计算公式及数据	结果
5	理论水蒸汽容积	V^0_{H2O}	m^3/kg	$0.111H_{ar}+0.0124M_{ar}+1.61d_kV^0$ 其中：$d_k=0.01 \ kg/kg$	
6	理论烟气容积	V^0_y	m^3/kg	$V^0_{N2}+V_{RO2}+V^0_{H2O}$	

表 10-3　空气平衡表

受热面名称	漏风系数 $\Delta\alpha$	过量空气系数	
		入口 α'	出口 α''
制粉系统	$\Delta\alpha_{zf}$（选取）		
炉膛	$\Delta\alpha_{lt}$	$\alpha'_l=\alpha''_l-\Delta\alpha_{lt}$	α''_l（按煤种选取）
后屏过热器（凝渣管*）	$\Delta\alpha_p$	$\alpha'_p=\alpha''_l$	$\alpha''_p=\alpha'_p+\Delta\alpha_p$
高温对流过热器	$\Delta\alpha_{g2}$	$\alpha'_{g2}=\alpha''_p$	$\alpha''_{g2}=\alpha'_{g2}+\Delta\alpha_{g2}$
低温对流过热器	$\Delta\alpha_{g1}$	$\alpha'_{g1}=\alpha''_{g2}$	$\alpha''_{g1}=\alpha'_{g1}+\Delta\alpha_{g1}$
上级省煤器	$\Delta\alpha_{s2}$	$\alpha'_{s2}=\alpha''_{g1}$	$\alpha''_{s2}=\alpha'_{s2}+\Delta\alpha_{s2}$
上级空预器	$\Delta\alpha_{k2}$	$\alpha'_{k2}=\alpha''_{s2}$	$\alpha''_{k2}=\alpha'_{k2}+\Delta\alpha_{k2}$
下级省煤器**	$\Delta\alpha_{s1}$	$\alpha'_{s1}=\alpha''_{k2}$	$\alpha''_{s1}=\alpha'_{s1}+\Delta\alpha_{s1}$
下级空预器**	$\Delta\alpha_{k1}$	$\alpha'_{k1}=\alpha''_{s1}$	$\alpha''_{k1}=\alpha'_{k1}+\Delta\alpha_{k1}$

＊：对高压锅炉存在后屏过热器，对中压锅炉为凝渣管；

＊＊：为空预器双级布置的锅炉。对空预器单级布置的锅炉没有下级省煤器和下级空预器。

空气预热器出口热空气的过量空气系数：$\beta''_{rk}=\alpha''_l-\Delta\alpha_{lt}-\Delta\alpha_{zf}$

燃烧器进口处热空气的过量空气系数：$\beta''=\alpha''_l-\Delta\alpha_{lt}$

表 10-4　烟气特性表

序号	项目名称	符号	单位（标准状况下）	炉膛屏式过热器（凝渣管*）	高温过热器	低温过热器	上级省煤器	上级空预器	下级省煤器**	下级空预器**
1	受热面进口过量空气系数（查表 8-3）	α'								
2	受热面出口过量空气系数（查表 8-3）	α''								
3	烟道平均过量空气系数***	α_{pj}								
4	干烟气容积 $V^0_{gy}+(\alpha_{pj}-1)V^0$	V_{gy}	m^3/kg							

续　表

序号	项目名称	符号	单位（标准状况下）	炉膛屏式过热器（凝渣管*）	高温过热器	低温过热器	上级省煤器	上级空预器	下级省煤器**	下级空预器**
5	水蒸汽容积 $V_{H2O}^0 + 0.0161(\alpha_{pj} - 1)V^0$	V_{H2O}	m^3/kg							
6	烟气总容积 $V_{gy} + V_{H2O}$	V_y	m^3/kg							
7	RO_2 容积份额 V_{RO2}/V_y	r_{RO2}								
8	水蒸汽容积份额 V_{H2O}/V_y	r_{H2O}								
9	三原子气体和水蒸汽总体积份额 $r_{RO2} + r_{H2O}$	r_Σ								
10	容积飞灰浓度 $10A_{ar}\alpha_{fh}/V_y$	μ_v	g/m^3							
11	烟气质量 $1 - \dfrac{A_{ar}}{100} + 1.306\alpha_{pj}V^0 m_y$	m_y	kg/kg							
12	质量飞灰浓度 $\alpha_{fh}A_{ar}/(100m_y)$	μ_{fh}	kg/kg							

注：*：对高压锅炉存在后屏过热器，对中压锅炉为凝渣管；

　　**：为空预器双级布置的锅炉。对空预器单级布置的锅炉没有下级省煤器和下级空预器；

　　***：烟道平均过量空气系数，指该受热面进出口过量空气系数的算术平均值，$\alpha_{pj} = \dfrac{\alpha' + \alpha''}{2}$；

　　α_{fh}：烟气飞灰系数。

表 10 - 5 烟气焓温表

烟气温度 $\vartheta/℃$	$V_{RO_2}=$ (m³/kg) I_{RO_2} $(c\vartheta)_{CO_2}$	$V^0_{N_2}=$ (m³/kg) $I^0_{N_2}$ $(c\vartheta)_{N_2}$	$V^0_{H_2O}=$ (m³/kg) $I^0_{H_2O}$ $(c\vartheta)_{H_2O}$	$A_{ar}\alpha_{fh}/100=$ (kg/kg) I_{fh} $(c\vartheta)_{fh}$	I^0_y (kJ/kg)	$V^0=$ (m³/kg) $(c\vartheta)_k$	I^0_k	$I_y = I^0_y + (\alpha-1)I^0_k$ (kJ/kg)						
								α''_1	α''_{g2}	α''_{g1}	α''_{s2}	α''_{k2}	α''_{s1}	α''_{k1}
100	170.03	129.58	150.52	80.8		132.43								
200	357.46	259.92	304.46	169.1		266.36								*
300	558.81	392.01	462.72	263.7		402.69							*	*
400	771.88	526.52	626.16	360		541.76							*	
500	994.35	663.8	794.85	458.5		684.15						*		
600	1 224.66	804.12	968.88	559.8		829.74					*			
700	1 461.88	947.52	1 148.84	663.2		978.32				*				
800	1 704.88	1 093.6	1 334.4	767.2		1 129.12				*				
900	1 952.28	1 241.55	1 526.04	873.9		1 282.32			*					
1 000	2 203.5	1 391.7	1 722.9	984		1 437.3		*						
1 100	2 458.39	1 543.74	1 925.11	1 096		1 594.89		*	*					
1 200	2 716.56	1 697.16	2 132.28	1 206		1 753.44		*	*					
1 800	4 304.7	2 643.66	3 458.34	2 184		2 731.86		*						
1 900	4 574.06	2 804.21	3 690.37	2 358		2 898.83		*						
2 000	4 844.2	2 965	3 925.6	2 512		3 065.6		*						
2 100	5 115.39	3 127.53	4 163.25	2 640		3 165.33								
2 200	5 386.48	3 289.22	4 401.98	2 760		3 329.7								

第五节　锅炉热平衡计算

锅炉热平衡及燃料消耗量计算表见表 10-6。

表 10-6　锅炉热平衡及燃料消耗量计算表

序号	名　称	符号	单位	公式及计算	结果
1	锅炉输入热量	Q_r	kJ/kg	$Q_r \approx Q_{net.ar}$	
2	排烟温度	ϑ_{py}	℃	假定	
3	排烟焓	h_{py}	kJ/kg	采用插值法查烟气焓温表(表 10-5)	
4	冷空气温度	t_{lk}	℃	任务书给定	
5	冷空气焓	I_{lk}^0	kJ/kg	$I_{lk}^0 = V^0(ct)_{lk}$	
6	化学未完全燃烧热损失	q_3	%	取用	
7	机械未完全燃烧热损失	q_4	%	取用	
8	排烟处过量空气系数	α_{py}		查表 10-3,下级空气预热器出口过量空气系数	
9	排烟热损失	q_2	%	$(h_{py} - \alpha_{py} I_{lk}^0)(100 - q_4)/Q_r$	
10	散热损失	q_5	%	查图 3-2	
11	灰渣热损失	q_6	%	取用(当 $A_{ar} < Q_{net.ar}/419$ 时,可忽略)	
12	锅炉总热损失	$\sum q_{2\sim6}$	%	$q_2 + q_3 + q_4 + q_5 + q_6$	
13	锅炉效率	η	%	$100 - \sum q_{2\sim6}$	
14	保热系数	φ		$1 - \dfrac{q_5}{\eta + q_5}$	
15	过热蒸汽出口焓	h_{gg}''	kJ/kg	根据过热蒸汽出口压力和温度查水蒸汽表	
16	饱和水焓	h_{bh}	kJ/kg	根据汽包压力 p 查水蒸汽表	
17	给水焓	h_{gs}	kJ/kg	根据给水温度及压力查水蒸汽表	
18	过热蒸汽流量	D	t/h	任务书给定	
19	排污率	p_{pw}	%	任务书给定	2
20	锅炉有效利用热	Q_1	kJ/s	$[D(h_{gg}'' - h_{gs}) + D \cdot P_{pw}(h_{bh} - h_{gs})/100]/3.6$	
21	燃料消耗量	B_r	kg/s	$100 \times Q_1/(\eta Q_r)$	
22	计算燃料消耗量	B_j	kg/s	$B_r(1 - q_4/100)$	

第六节　炉膛结构设计及热力计算

1. 炉膛结构尺寸设计

本课程设计的锅炉采用 II 型锅炉、四角切圆燃烧器布置的炉膛结构，炉膛结构设计见下表。

表 10－7　炉膛结构尺寸设计

序号	名　　称	符号	单位	计算公式及数据来源	数值
1	炉膛容积热强度	q_v	kW/m³	按表 4－1 选取	
2	炉膛容积	V_l	m³	$B_j Q_{net.ar}/q_v$	
3	炉膛截面热强度	q_A	kW/m²	按表 4－2 选取	
4	炉膛截面积	A_j	m²	$B_j Q_{net.ar}/q_A$	
5	炉膛截面宽深比	B/A		按 $B/A=1\sim1.2$ 选取	
6	炉膛宽度	B	m	选取 B 值	
7	炉膛深度	A	m	A_J/B，并使 $B/A=1\sim1.2$	
8	冷灰斗倾角	γ	°	按 $\gamma=50°\sim55°$ 选取	
9	冷灰斗出口尺寸	E	m	按 $E=0.8\sim1.6$ m 选取	
10	冷灰斗容积	V_{hd}	m³	按图 4－1 炉膛结构图 V_{hd} 阴影部分计算	
11	折焰角长度	l_z	m	按 $l_z=\left(\dfrac{1}{3}\sim\dfrac{1}{4}\right)A$ 选取	
12	折焰角上倾角	α	°	按 $\alpha=30°\sim50°$ 选取	
13	折焰角下倾角	β	°	按 $\beta=20°\sim30°$ 选取	
14	炉膛出口烟气流速	w_y	m/s	选取	(6)
15	炉膛出口烟气温度	ϑ_l''	℃	先按表 4－15 初步选取	
16	炉膛出口通流面积	A_{ck}	m²	$\dfrac{B_j V_y}{w_y}\times\dfrac{\vartheta_l''+273}{273}$，$V_y$ 为炉膛出口处烟气体积	
17	炉膛出口高度	h_{ck}	m	$h_{ck}=A_{ck}/B$	
18	水平烟道烟气流速	w_{sy}	m/s	选取	(10)
19	水平烟道高度	h_{sy}	m	$\dfrac{B_j V_y}{B w_{sy}}\times\dfrac{\vartheta_l''+273}{273}$	
20	折焰角高度	h_{zy}	m	根据 h_{ck} 和 h_{sy} 绘图计算确定	

序号	名　　　称	符号	单位	计算公式及数据来源	数值
21	炉顶容积	V_{ld}	m³	按图 4-1 炉膛结构图 V_{ld} 阴影部分计算	
22	炉膛主体高度	h_k	m	$h_k = \dfrac{V_l - V_{ld} - V_{hd}}{A_j}$（如图 4-1 炉膛结构图）	

2. 炉膛水冷壁的结构设计

本课程设计的锅炉采用膜式水冷壁，水冷壁结构设计见表 10-8。

表 10-8　水冷壁结构设计

序号	名　　　称	符号	单位	计算公式及数据来源	数值
1	前后墙水冷壁回路个数	z_1	个	$z_1 = B/2.5$（按每个回路加热宽度≤2.5 m 选取）	
2	左右侧墙水冷壁回路个数	z_2	个	$z_2 = A/2.5$（按每个回路加热宽度≤2.5 m 选取）	
3	管径及壁厚	$d \times \delta$	mm	按第四章第一节选取	
4	管子节距	s	mm	按第四章第一节选取	
5	前后墙管子根数	n_1	根	按 $n_1 = \dfrac{A}{s} + 1$ 画图选取（s 单位为 m）	
6	左右墙管子根数	n_2	根	按 $n_2 = \dfrac{B}{s} + 1$ 画图选取（s 单位为 m）	

3. 燃烧器布置形式及布置结构图

表 10-9　燃烧器布置形式

燃烧器形式	直流燃烧器
燃烧器布置方式	四角切圆布置
配风方式	根据煤种合理选择
一次风口层数	查表 4-3
二次风口层数	参考表 4-11,4-12
三次风口层数	1

要求：画出一组燃烧器结构简图。

4. 燃烧器结构尺寸设计

表 10-10　燃烧器结构尺寸设计

序号	名　　　称	符号	单位	计算公式及数据来源	数值
1	一次风速	w_1	m/s	按表 4-5 选取	
2	二次风速	w_2	m/s	按表 4-5 选取	
3	三次风速	w_3	m/s	按表 4-5 选取	

序号	名　　称	符号	单位	计算公式及数据来源	数值
4	一次风率	r_1	%	按表 4-4 选取	
5	三次风率	r_3	%	由制粉系统设计计算确定的磨煤废气份额	
6	二次风率	r_2	%	$r_2 = 100 - r_1 - r_3$	
7	一次风温	t_1	℃	查表 4-6	
8	二次风温	t_2	℃	$t_2 = t_{rk} - 10$	
9	三次风温	t_3	℃	由制粉系统的设计计算确定	
10	燃烧器数量	z	组	四角布置	
11	每组一次风口个数	n_{z1}	个	查表 10-9	
	每组二次风口个数	n_{z2}	个	查表 10-9	
	每组三次风口个数	n_{z3}	个	查表 10-9	
12	一次风口面积(单只)	f_1	m²	$\dfrac{r_1\,\beta''V^0\,B_j}{100\,n_{z1}zw_1} \cdot \dfrac{273+t_1}{273}$	
13	二次风口面积(单只)	f_2	m²	$\dfrac{r_2\,\beta''V^0\,B_j}{100\,n_{z2}zw_2} \cdot \dfrac{273+t_2}{273}$	
14	三次风口面积(单只)	f_3	m²	$\dfrac{r_3\,\beta''V^0\,B_j}{100\,n_{z3}zw_3} \cdot \dfrac{273+t_3}{273}$	
15	燃烧器假想切圆直径	d_j	mm	按表 4-9 选取	
16	燃烧器矩形对角线长度	$2l_j$	mm	$\approx \sqrt{A^2+B^2} \times 1\,000$	
17	特性比值	h_r/b_r		初步选定	
18	特性比值	$2l_j/b_r$		由式 4-4 确定	
19	燃烧器喷口宽度	b_r	mm	按 $b_r = 2l_j \Big/ \dfrac{2l_j}{b_r}$ 计算,取值	
20	一次风喷口高度	h_1	mm	$h_1 = \dfrac{f_1 \times 10^6}{b_r}$	
	二次风喷口高度	h_2	mm	$h_2 = \dfrac{f_2 \times 10^6}{b_r}$	
	三次风喷口高度	h_3	mm	$h_3 = \dfrac{f_3 \times 10^6}{b_r}$	

序号	名　称	符号	单位	计算公式及数据来源	数值
21	燃烧器高度	h_r	mm	按 f_1、f_2、f_3 的要求，画出燃烧器喷口结构尺寸图，得到 h_r，计算 h_r/b_r，如与原选定值接近，则不需重算，否则重新选取 h_r/b_r	
22	最下一排燃烧器的下边缘距冷灰斗上沿的距离	l	m	按 $l = (4 \sim 5)b_2/1\,000$ 选取	
23	条件火炬长度	h_{hy}	m	按图 4-6 计算，需符合表 4-10 规定。且上排燃烧器中心线到屏式过热器下边缘高度≥8 m，或到凝渣管下边缘的高度≥6 m	

5. 炉膛结构简图(带尺寸)

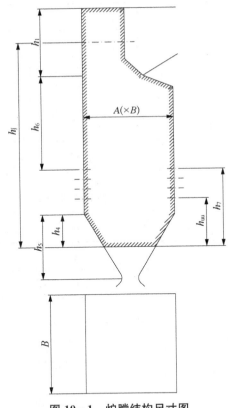

图 10-1　炉膛结构尺寸图

6. 炉膛结构特性设计计算表

对于高压煤粉锅炉，根据炉膛结构图 10-2，计算炉膛结构尺寸列于下表。

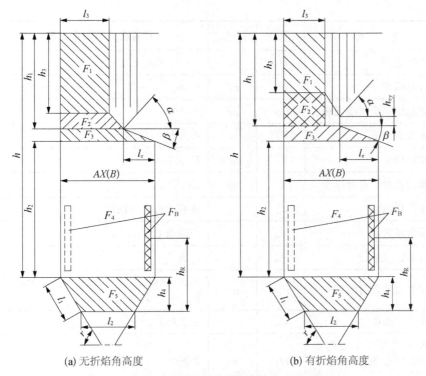

(a) 无折焰角高度　　　　　　　(b) 有折焰角高度

图 10 - 2　高压煤粉锅炉炉膛结构示意图

表 10 - 11　炉膛炉墙面积及结构特性设计计算

序号	名　称	符号	单位	计算公式及数据来源	数值
1	侧墙面积(单面)	F_1	m^2	如图 10 - 2 中 F_1	
		F_2	m^2	如图 10 - 2 中 F_2	
		F_3	m^2	如图 10 - 2 中 F_3	
		F_4	m^2	如图 10 - 2 中 F_4	
		F_5	m^2	如图 10 - 2 中 F_5	
		F_s	m^2	$F_s = F_1 + F_2 + F_3 + F_4 + F_5$	
2	前墙面积	F_{fr}	m^2	如图 10 - 2, $F_{fr} = \left(h + l_1 + \dfrac{l_2}{2} \right) \times B$	
3	后墙面积	F_b	m^2	如图 10 - 2, $F_h = \left(\dfrac{l_2}{\cos\beta} + h_2 + l_1 + \dfrac{l_2}{2} \right) \times B$	
4	炉膛出口烟窗面积	F_{out}	m^2	如图 10 - 2, $F_{out} = [(A - l_3 - l_z)/\cos\alpha + h_3] \times B$	
5	炉顶包覆面积	F_{ld}	m^2	如图 10 - 2, $F_{ld} = l_3 \times B$	

序号	名　　称	符号	单位	计算公式及数据来源	数值
6	燃烧器面积	F_r	m²	$4 \times b_r \times h_r \times 10^{-6}$	
7	炉墙总面积	F_l	m²	$F_l = F_{fr} + 2F_s + F_b + F_{ld} + F_{out}$	
8	炉膛总辐射受热面面积	F_{lf}	m²	$F_l - F_r$	
9	炉膛截面面积	F_A	m²	$A \times B$	
10	炉膛容积	V_l	m³	$F_s \times B$	
11	炉膛的辐射层有效厚度	s	m	$3.6V_l / F_l$	
12	水冷壁角系数	x_{sl}		按膜式水冷壁选取	(1)
13	炉顶角系数	x_{ld}		查附录 C 图 C-1	
14	出口烟窗角系数	x_{out}		选取	(1)
15	炉膛总有效辐射面积	F_{lz}	m²	$F_{lz} = (F_{fr} + F_b + 2F_s - F_r) x_{sl} + F_{ld} x_{ld} + F_{out} x_{out}$	
16	炉膛水冷程度	X_{lsl}		$X_{lsl} = F_{lz} / F_l$	
17	冷灰斗二等分平面到出口烟窗中心线的距离（炉膛高度）	H_l	m	如图 10-2，$h - h_1/2 + h_4$	
18	冷灰斗二等分平面到炉顶的距离	H_0	m	如图 10-2，$h + h_4$	
19	冷灰斗二等分平面到燃烧器中心线的距离	H_r	m	如图 10-2，h_R	
20	燃烧器相对高度	x_r		H_r / H_l	
21	火焰中心高度修正系数	M		$A - B(x_r + \Delta x)$ A、B 查表 4-13，Δx 查表 4-14	

7. 炉膛热力计算

炉膛校核热力计算见表 10-12。

表 10-12　炉膛热力计算

序号	名　　称	符号	单位	计算公式及数据来源	数值
1	炉膛出口过量空气系数	α''		查表 10-3	
2	炉膛漏风系数	$\Delta \alpha_l$		按表 3-4 选取	
3	煤粉系统漏入风系数	$\Delta \alpha_{zf}$		按表 3-4 选取	
4	热空气温度	t_{rk}	℃	按表 4-16 选取	
5	热空气焓	I_{rk}^0	kJ/kg	查烟气焓温表（表 10-5）	

序号	名 称	符号	单位	计算公式及数据来源	数值
6	冷空气温度	t_{lk}	℃	任务书	
7	冷空气焓	I_{lk}^0	kJ/kg	查表 3 - 5	
8	空预器出口热空气的系数	β_{rk}''		$\alpha_{lt}'' - \Delta\alpha_{lt} - \Delta\alpha_{zf}$	
9	空气进入炉膛的热量	Q_k	kJ/kg	$\beta_{rk}'' I_{rk}^0 + (\Delta\alpha_{lt} + \Delta\alpha_{zf}) I_{lk}^0$	
10	燃料有效放热量	Q_a	kJ/kg	$Q_{net.ar}\left(1 - \dfrac{q_3 + q_6}{100 - q_4}\right) + Q_k$	
11	理论燃烧温度	ϑ_a	℃	查"烟气焓温表8 - 5"	
12	理论燃烧绝对温度	T_a	K	$\vartheta_a + 273$	
13	炉膛出口烟温	ϑ_l''	℃	先估后校 注：$T_l'' = \vartheta_l'' + 273$	① ST-100 ② 表4-15
14	炉膛出口烟焓	H_l''	kJ/kg	查烟气焓温表（表10 - 5）	
15	烟气平均热容量	V_c	kJ/(kg·℃)	$(Q_a - H_l'')/(\vartheta_a - \vartheta_l'')$	
16	炉膛内压力	p	MPa		(0.1)
17	炉膛有效辐射层厚度	s	m	查表10 - 11	
18	水蒸气容积份额	r_{H2O}		查烟气特性表（表10 - 4），按炉膛出口 α''查取	
19	水蒸汽和三原子气体容积份额	r_Σ		查烟气特性表（表10 - 4），按炉膛出口 α''查取	
20	三原子气体辐射减弱系数	k_q	1/(m·MPa)	$10.2\left(\dfrac{0.78 + 1.6 r_{H2O}}{(10.2 pr_\Sigma S)^{0.5}} - 0.1\right)\left(1 - 0.37\dfrac{T_l''}{1\,000}\right)\cdot$	
21	烟气质量飞灰浓度	μ_{fh}	kg/kg	查烟气特性表（表10 - 4），按炉膛出口 α''查取	
22	飞灰颗粒平均直径	d_{fh}	μm	根据磨煤机形式查附录B，表B-1（通常取 13 μm）	
23	灰粒辐射减弱系数	k_{fh}	1/(m·MPa)	$\dfrac{55\,900}{\sqrt[3]{T_l''^2 d_{fh}^2}}$	
24	焦炭辐射减弱系数	k_{jt}	1/(m·MPa)	$k_j x_1 x_2$ k_j——取 10 x_1——燃料的种类影响系数。无烟煤和贫煤取 1，烟煤褐煤取 0.5 x_2——燃烧方式影响系数，煤粉炉 0.1，层燃炉 0.03	

序号	名　　　称	符号	单位	计算公式及数据来源	数值
25	火焰辐射减弱系数	k	1/(m·MPa)	$k_q r_{\sum} + k_{fh}\mu_{fh} + k_{jt}$	
26	水冷壁污染系数	ζ_{sl}		查表 4 - 17	
27	水冷壁角系数	x_{sl}		查表 10 - 11	
28	水冷壁热有效系数	φ_{sl}		$\zeta_{sl} x_{sl}$	
29	屏、炉交界面的污染系数（烟窗）	ζ_{out}		$\beta\zeta_{sl}$（β 取 0.98）	
30	屏、炉交界面的角系数（烟窗）	x_{out}		查表 10 - 11	(1)
31	屏、炉交界面的热有效系数（烟窗）	φ_{out}		$\zeta_{out} x_{out}$	
32	燃烧器及门孔的热有效系数	φ_r		未敷设水冷壁	(0)
33	平均热有效系数	φ_{pj}		$\dfrac{\varphi_{sl}F + \varphi_{out}F_{out} + \varphi_r F_r}{F_l}$ $F = F_{fr} + 2F_s + F_b + F_{ld} - F_r$	
34	火焰黑度	a_h		$1 - e^{-kps}$	
35	炉膛黑度	a_l		$\dfrac{a_h}{a_h + (1-a_h)\varphi_{sl}}$	
36	火焰中心高度系数	M		查表 10 - 11	
37	炉膛出口烟温	$\vartheta''^{(j)}_l$	℃	$\dfrac{T_a}{M\left(\dfrac{\sigma_0\,\alpha_l\,\varphi_{pj}\,F_l\,T_a^3}{\varphi B_j V_c}\right)^{0.6}+1} - 273$ 注：$\sigma_0 = 5.67\times10^{-11}$ kW/(m²·K⁴)	
38	误差	$\Delta\vartheta$	℃	$\vartheta''^{(j)}_l - \vartheta''_l$ （允许误差 ±100 ℃）	
39	炉膛出口烟焓	H''_{yl}	kJ/kg	按 $\vartheta''^{(j)}_l$ 查烟气焓温表（表 10 - 5）	
40	炉膛有效辐射放热量	Q_f^l	kJ/kg	$\varphi(Q_a - H''_{yl})$ 注：φ 为保热系数，查表 10 - 6	
41	辐射受热面平均热负荷	q_s	kW/m²	$B_j \times Q_f^l / F_{lz}$	
42	炉膛截面热负荷	q_A	kW/m²	$B_j \times Q_r / F_A$	
43	炉膛容积热负荷	q_v	kW/m³	$B_j \times Q_r / V_l$	

8. 炉膛顶部辐射受热面及工质焓增的计算

炉膛顶棚辐射受热面吸热量及工质焓增的计算见表 10 - 13。

表 10 - 13 炉膛顶棚辐射受热面吸热量及工质焓增的计算

序号	名 称	符号	单位	计算公式及数据来源	数值
1	顶棚管外径×壁厚	$d \times \delta$	mm	选用	(38×4)
2	节距	S	mm	选用	(47.5)
3	排数	n	排	1 000 B/S	
4	顶棚管角系数	x_{ld}		查附录 C,图 C - 1	
5	顶棚面积	F_{ld}	m²	查表 10 - 11	
6	蒸汽流通面积	A_{lt}	m²	$\dfrac{\pi d_n^2}{4} \times n$,其中 $d_n = d - 2 \times \delta$,m	
7	炉膛顶棚热负荷分配不均匀系数	η_{ld}		查附录 C,图 C - 6 对本炉型:$x = h/H_0 = 1$	
8	炉膛顶棚总辐射吸热量	Q_{ld}^f	kJ/kg	$\eta_{ld} q_s F_{ld} / B_j$	
9	减温水总流量	D_{jw}	t/h	先估后校,(3%~5%)D	
10	炉膛顶棚蒸汽流量	D_{ld}	t/h	$D - D_{jw}$	
11	炉膛顶棚蒸汽焓增	Δh_{ld}	kJ/kg	$3.6 Q_{ld}^f B_j / D_{ld}$	
12	炉膛顶棚进口蒸汽焓	h'_{ld}	kJ/kg	查水蒸汽性质表 注:蒸汽参数按汽包压力对应的干饱和蒸汽	
13	炉膛顶棚出口蒸汽焓	h''_{ld}	kJ/kg	$h'_{ld} + \Delta h_{ld}$	
14	炉膛顶棚出口蒸汽温度	t''_{ld}	℃	查水蒸气性质表(按汽包压力查)	

第七节 屏式过热器的结构设计

屏式过热器的结构形式如图 10 - 3 所示。

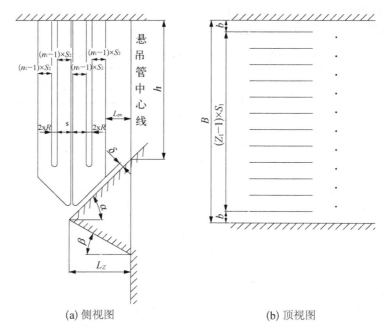

(a) 侧视图   (b) 顶视图

图 10 - 3 后屏过热器结构尺寸

屏式过热器结构数据计算见表 10 - 14。

表 10 - 14 后屏的结构数据表

序号	名　称	符号	单位	计 算 公 式	数值
1	布置			双 U 型,顺流	
2	管径及壁厚	$d \times \delta$	mm	选用	($\Phi 42 \times 5$)
3	屏片数	Z_1	片	先估	
4	屏的横向节距	s_1	mm	$B/(Z_1+1)$,范围在 550~1 500	
5	比值	s_1/d		s_1/d	
6	单屏进汽管根数	n_1	根	先估	
7	单屏并列管根数	n	根	$4n_1$	
8	管子纵向节距	s_2	mm		
9	比值	s_2/d		1.1~1.25	
10	屏深度	L	m	$\dfrac{4(n_1-1)s_2+2\times R\times 2+s+d}{1\ 000}$ 其中,$R=85$ mm,$s=80$ mm, 如图 10 - 3 所示	
11	纵向平均节距	s_2^{pj}	mm	按结构计算 L/n	

序号	名　　称	符号	单位	计　算　公　式	数值
12	比值	s_2^{pj}/d		s_2^{pj}/d	
13	屏的平均高度	h_{pj}	m	见图 10-3	
14	单片屏面积	A_p	m^2	$h_{pj} \times L$	
15	屏的角系数	x_{hp}		查附录 C-1,曲线 5	
16	屏的计算对流受热面积	A_p^{js}	m^2	$2A_p x_{hp} Z_1$	
17	顶棚管角系数	x_{ld}		查附录 C-1,曲线 4	
18	屏区顶棚面积	A_{ld}	m^2	$B \times (L + L_{pn}) \times x_{ld}$	
19	屏区水冷壁角系数	x_{sl}		查附录 C-1,曲线 4	
20	屏区两侧水冷壁面积	A_{sl}	m^2	$2 \times h_{pj} \times (L + L_{pn}) \times x_{sl}$ 见图 10-3	
21	屏区附加受热面面积	A_{pfj}	m^2	$A_{ld} + A_{sl}$	
22	烟气进屏流通面积	A_p'	m^2	$B \times [h + L_Z \times \tan(\alpha)] - Z_1 \times d \times [h + L_Z \times \tan(\alpha)]$	
23	烟气出屏流通截面积	A_p''	m^2	$B \times [h + L_{pn} \times \tan(\alpha)] - Z_1 \times d \times [h + L_{pn} \times \tan(\alpha)]$	
24	烟气平均流通截面积	A_{pj}	m^2	$2A_p' A_p'' / (A_p' + A_p'')$	
25	蒸汽流通截面积	A_{lt}	m^2	$\pi d_n^2 n_1 z_1 / 4$,注:d_n 单位为 m	
26	一级减温水量	D_{jw1}	t/h	按 2%～3% 估计	
27	二级减温水量	D_{jw2}	t/h	$D_{jw} - D_{jw1}$	
28	蒸汽质量流速	ρw	kg/ ($m^2 \cdot s$)	$(D - D_{jw2}) / (3.6 A_{lt})$ 范围在 800～1 000	
29	烟气辐射层有效厚度	s	m	$1.8/(1/h_{pj} + 1/L + 1/S_1)$ 注:S_1 单位为 m	
30	屏区进口烟窗面积	A_{ch}'	m^2	见炉膛结构数据表(表 10-11)中的 F_{out}	
31	屏管束出口至悬吊管的深度	L_{pn}	m	或按绘图	(0.5 左右)
32	屏区出口烟窗面积	A_{ch}''	m^2	$B \times [h + L_{pn} \times \tan(\alpha)]$	

表 10-15 后屏过热器热力计算

序号	名　称	符号	单位	公　式	数值
一、烟气对流吸放热量及屏的对流吸热量					
1	烟气进屏温度	ϑ'_p	℃	即炉膛出口烟温 $\vartheta''^{(p)}_l$	
2	烟气进屏焓	H'_{yp}	kJ/kg	即炉膛出口烟焓 h''_{yl}	
3	烟气出屏温度	ϑ''_p	℃	假定(参考图 2-5)	
4	烟气出屏焓	H''_{yp}	kJ/kg	查烟气焓温表(表 10-5)	
5	烟气平均温度	ϑ_{pj}	℃	$(\vartheta'_p + \vartheta''_p)/2$	
6	烟气平均温度	T_{pj}	K	$\vartheta_{pj} + 273$	
7	烟气对流放热量	Q^d_y	kJ/kg	$\varphi(H'_{yp} - H''_{yp})$	
二、炉膛直接辐射热					
8	炉膛与屏相互换热系数	β		查附录 C,图 C-15	
9	炉膛出口烟窗沿高度热负荷分配系数	η_{yc}		查附录 C,图 C-6($x = H_l/H_0$,其中 H_l, H_0 见表 10-11)	
10	屏入口吸收的炉膛辐射热量	$Q^{f,}_{p'}$	kJ/kg	$\beta \eta_{yc} \varphi(Q_a - H'_{yp}) A'_{ch} / F_{lz}$	
11	屏间烟气有效辐射层厚度	s	m	查表 10-14	
12	屏间烟气压力	P	MPa		(0.1)
13	水蒸气容积份额	r_{H2O}		查"烟气特性表 10-4"	
14	三原子气体和水蒸气容积份额	r_Σ		查"烟气特性表 10-4"	
15	三原子气体的辐射减弱系数	k_q	1/(m·MPa)	$10.2\left(\dfrac{0.78 + 1.6\, r_{H2O}}{\sqrt{10.2 r_\varepsilon PS}} - 0.1\right)\left(1 - 0.37\dfrac{T_{pj}}{1\,000}\right)$	
16	灰粒的辐射减弱系数	k_h	1/(m·MPa)	$\dfrac{55\,900}{\sqrt[3]{T^2_{pj} d^2_h}}$ 注:d_h 单位为 μm	
17	烟气质量飞灰浓度	μ_y	kg/kg	查烟气特性表(表 10-4)	
18	烟气辐射减弱系数	k	1/(m·MPa)	$k_q r_\Sigma + k_h \mu_y$	

序号	名 称	符号	单位	公 式	数值
19	屏区烟气黑度	a		$1 - e^{-kPs}$	
20	屏进口对出口的角系数	x_p		$\sqrt{\left(\dfrac{L}{s_1}\right)^2 + 1} - \dfrac{L}{s_1}$ 注：s_1 单位为 m	
21	燃料种类修正系数	ξ		按煤种选取，取用	(0.5)
22	屏出口烟窗面积	A''_{ch}	m^2	查表 10-14	
23	炉膛辐射热穿透屏区后进入高温对流过热器的辐射热	$Q^f_{p''}$	kJ/kg	$\dfrac{Q^f_{p'}(1-a)\,x_p}{\beta}$	
24	屏区吸收的炉膛直接辐射热	Q^f_{pq}	kJ/kg	$Q^f_{p'} - Q^f_{p''}$	
25	屏区顶棚吸收的辐射热量	Q^f_{pld}	kJ/kg	$Q^f_{pq}\dfrac{A_{ld}}{A^{js}_p + A_{pfj}}$	
26	屏区水冷壁吸收的辐射热量	Q^f_{psl}	kJ/kg	$Q^f_{pq}\dfrac{A_{sl}}{A^{js}_p + A_{pfj}}$	
27	屏吸收的辐射热	Q^f_p	kJ/kg	$Q^f_{pq} - Q^f_{pld} - Q^f_{psl}$	
三、屏间烟气穿透辐射					
28	屏间烟气向屏后受热面的辐射热量	$Q^f_{pj''}$	kJ/kg	$\dfrac{\sigma_0 a A''_{ch} T^4_{pj} \xi}{B_j}$ 注：$\sigma_0 = 5.67 \times 10^{-11}$ kW/(m$^2 \cdot$ K^4)	
29	屏后受热面接收到的总辐射热	$Q^{f''}_{ph}$	kJ/kg	$Q^{f}_{p''} + Q^f_{pj''}$	
四、后屏的对流传热量计算					
30	屏区顶棚受热面对流吸热量	Q^d_{pld}	kJ/kg	先估后校	
31	屏区两侧水冷壁对流吸热量	Q^d_{psl}	kJ/kg	先估后校	
32	屏区附加受热面对流吸热量	Q^d_{pfj}	kJ/kg	$Q^d_{pld} + Q^d_{psl}$	
33	屏区的对流吸热量	Q^d_{pq}	kJ/kg	$Q^d_y - Q^f_{pj''}$	
34	后屏的对流吸热量	Q^d_p	kJ/kg	$Q^d_{pq} - Q^d_{pfj}$	

序号	名　　称	符号	单位	公　　式	数值
五、后屏的传热量计算与校核					
35	屏吸收的总热量	Q_p	kJ/kg	$Q_p^d + Q_p^f$	
36	屏区顶棚管吸收的总热量	Q_{pld}	kJ/kg	$Q_{pld}^d + Q_{pld}^f$	
37	屏区水冷壁吸收的总热量	Q_{psl}	kJ/kg	$Q_{psl}^d + Q_{psl}^f$	
38	减温水量	D_{jw}	t/h	见表 10-13	
39	减温水温度	t'_{jw}	℃	$= t_{gs}$	
40	减温水焓	h'_{jw}	kJ/kg	$\approx h_{gs}$	
41	一级减温水量	D_{jw1}	t/h	见表 10-14	
42	二级减温水量	D_{jw2}	t/h	$D_{jw} - D_{jw1}$，见表 10-14	
43	屏蒸汽流量	D_{hp}	t/h	$D - D_{jw2}$	
44	蒸汽进屏温度	t'_{hp}	℃	先估后校	(355)
45	蒸汽进屏焓	h'_{hp}	kJ/kg	查蒸汽特性表，P 参见表 6-1	
46	蒸汽出屏焓	h''_{hp}	kJ/kg	$h'_{hp} + 3.6 Q_p B_j / (D - D_{jw2})$	
47	蒸汽出屏温度	t''_{hp}	℃	查蒸汽特性表，P 参见表 6-1	
48	屏内蒸汽平均温度	t_{pj}	℃	$(t'_{hp} + t''_{hp})/2$	
49	屏内蒸汽平均比容	v_{pj}	m³/kg	查蒸汽特性表，进出口压力平均值下	
50	屏内蒸汽平均流速	w	m/s	$D_{hp} v_{pj} / (3.6 A_{lt})$	
51	管壁对蒸汽的放热系数	α_2	W/(m²·℃)	$\alpha_2 = C_d \alpha_0$，查附录 C，图 C-10	
52	屏间烟气平均流速	w_y	m/s	$B_j V_y (\vartheta_{pj} + 273) / (273 A_{pj})$	
53	烟气侧对流放热系数	α_d	W/(m²·℃)	查附录 C，图 C-7 $\alpha_d = \alpha_0 C_z C_s C_w$	
54	灰污系数	ε	(m²·℃)/W	查附录 C，图 C-14，曲线 2(吹灰)	
55	管壁灰污层温度	t_{hb}	℃	$t_{pj} + (\varepsilon + 1/\alpha_2) B_j 1\,000 Q_p / (A_p^{js})$	
56	辐射放热系数	α_f	W/(m²·℃)	查附录 C，图 C-11 得 α_0，$\alpha_f = a\alpha_0$	

序号	名　　　称	符号	单位	公　　式	数值
57	利用系数	ξ		查附录C,图C-14,曲线2(吹灰)	
58	烟气侧传热系数	α_1	W/(m²·℃)	$\xi[(\alpha_d \pi d/2 S_2^{pj} x_{hp}) + \alpha_f]$ x_{hp} 查附录C,图C-1	
59	对流传热系数	K	W/(m²·℃)	$\dfrac{\alpha_1}{1 + \left(1 + \dfrac{Q_p^f}{Q_p^d}\right)\left(\varepsilon + \dfrac{1}{\alpha_2}\right)\alpha_1}$	
60	平均传热温差	Δt_1	℃	$\vartheta_{pj} - t_{pj}$	
61	屏对流传热量	Q_p^{cr}	kJ/kg	$K \cdot \Delta t_1 A_p^{js}/(1\,000 B_j)$	
62	误差		%	$(Q_p^d - Q_p^{cr})/Q_p^d \times 100$	$\leqslant \pm 2\%$
六、屏区水冷壁对流传热量					
63	屏区两侧水冷壁水温	t_{bs}	℃	查蒸汽特性表,汽包的饱和温度	
64	平均传热温差	Δt_2	℃	$\vartheta_{pj} - t_{bs}$	
65	屏区两侧水冷壁对流吸热量	Q_{pc}^d	kJ/kg	$K \cdot \Delta t_2 A_{sl}/(1\,000 B_j)$	
66	误差		%	$(Q_{psl}^d - Q_{pc}^d)/Q_{psl}^d \times 100$	$\leqslant \pm 10\%$
七、屏区顶棚管对流传热量					
67	屏区顶棚进口汽焓	h_{pld}'	kJ/kg	$= h_{ld}''$(查表10-13)	
68	屏区顶棚进口汽温	t_{pld}'	℃	查表10-13	
69	屏区顶棚蒸汽焓增量	Δh_{pld}	kJ/kg	$3.6 B_j \cdot (Q_{pld}^f + Q_{pld}^d)/(D - D_{jw1} - D_{jw2})$	
70	屏区炉顶出口汽焓	h_{pld}''	kJ/kg	$h_{pld}' + \Delta h_{pld}$	
71	屏区炉顶出口汽温	t_{pld}''	℃	查蒸汽特性表,P参见表6-1	
72	平均传热温差	Δt_3	℃	$\vartheta_{pj} - [t_{pld}' + t_{pld}'']/2$	
73	屏区炉顶对流吸热量	Q_{pld}^{d2}	kJ/kg	$K \cdot A_{ld} \Delta t_3/(1\,000 B_j)$	
74	误差	ΔQ	%	$100 \times (Q_{pld}^d - Q_{pld}^{d2})/Q_{pld}^d$	$\leqslant \pm 10\%$

悬吊管(凝渣管)结构及计算见下表。

表 10 - 16　悬吊管结构及计算

序号	名　　称	符号	单位	计　算　公　式	数值
1	管径及壁厚	$d \times \delta$	mm	选用	(Φ133 ×10)
2	管子节距	s_1	mm		(700)
3	管子排列方式及根数	n	根	横列一排，$\dfrac{1\,000B}{s_1} - 1$	
4	受热面积	H_{nz}	m²	πdhn	
5	烟道流通截面积	A_y	m²	$h(B - nd)$	
6	烟道容积	V	m³	$B \times h \times L_{pn}$	
7	烟道表面积	A	m²	$2(B \times h + h \times L_{pn} + B \times L_{pn})$	
8	烟道辐射层厚度	S	m	$3.6 \times \dfrac{V}{A}$	
9	烟气进悬吊管温度	ϑ'_{nz}	℃	等于屏出口烟气温度 ϑ''_p	
10	烟气进悬吊管焓	H'_{ynz}	kJ/kg	等于屏出口烟气焓 H''_{yp}	
11	烟气出悬吊管温度	ϑ''_{nz}	℃	$\vartheta'_{nz} - 5$	
12	烟气出悬吊管焓	H''_{ynz}	kJ/kg	查烟气焓温表(表 10 - 5)	
13	悬吊管对流吸热量	Q^d_{nz}	kJ/kg	$\varphi(H'_{ynz} - H''_{ynz})$	
14	悬吊管角系数	x_{nz}		查附录 C，图 C - 1(a)之 5	
15	来自炉膛及屏的辐射热	Q'^f_{nz}	kJ/kg	$= Q''_{ph}$(查表 10 - 15)	
16	悬吊管吸收的辐射热	Q^f_{nz}	kJ/kg	$Q'^f_{nz} x_{nz}$	
17	悬吊管总吸收热量	Q_{nz}	kJ/kg	$Q^f_{nz} + Q^d_{nz}$	
18	通过悬吊管的辐射热	Q''^f_{nz}	kJ/kg	$Q'^f_{nz}(1 - x_{nz})$	

第八节　高温对流过热器

　　高温对流过热器分冷段和热段两部分。蒸汽从屏出来后，先进高温对流过热器冷段，经过二次喷水减温后进入高温对流过热器热段。冷段在烟道两侧为逆流，热段在中间为顺流。高温对流过热器的结构尺寸如图 10 - 4 所示。

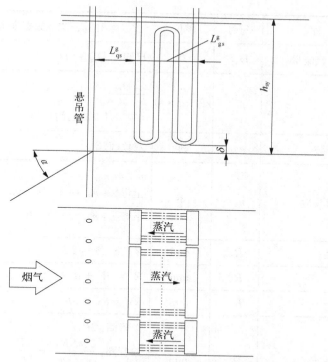

图 10 - 4　高温对流过热器结构尺寸

1. 高温对流过热器的结构设计

表 10 - 17　高温对流过热器结构设计

序号	名　　称	符号	单位	计算公式或数据来源	数值
1	管子尺寸	$d \times \delta$	mm	选用	$(\Phi 42 \times 5)$
2	冷段受热面布置			顺列,逆流	
3	热段受热面布置			顺列,顺流	
4	横向节距	s_1	mm	选用	(95)
5	横向节距比	σ_1		$\dfrac{s_1}{d}$,在 2.5 左右	
6	管排数	n_1	排	$\approx \dfrac{B}{s_1} - 1$	
7	冷段管排数	n_{1l}	排	$\approx \dfrac{n_1}{2}$	
8	热段管排数	n_{1r}	排	$= n_1 - n_{1l}$	
9	管圈数	Z_1	圈	1、2 或 3	
10	蒸汽流通截面积	A_{lt}	m²	$\approx \dfrac{n_1}{2} \times \dfrac{\pi d_n^2}{4} \times Z_1$	

序号	名 称	符号	单位	计算公式或数据来源	数值
11	高温过热器蒸汽流量	D_{gg}	t/h	已知的 $D_{gg}=D$	
12	蒸汽质量流速	ρw	kg/(m²·s)	$\dfrac{D_{gg}}{3.6\times A_{lt}}$ (500—1 000 之间)	
13	单根管纵向排数	n_{d2}	排	双数(假定)	
14	单根管纵向弯头数	n_{wt}	个	$n_{wt}=n_{d2}-1$ 上弯头:$n_{wt}^s=n_{wt}/2-0.5$, 下弯头:$n_{wt}^x=\dfrac{n_{wt}}{2}+0.5$	
15	管子弯曲半径	R_1	mm	$R_1\geqslant 1.5\sim 2.5\ d$	
	(双管圈)	R_2	mm	$R_2=R_1+d$	
	(三管圈)	R_3	mm	$R_3=R_1+2d$	
16	纵向(平均)节距	s_2^{pj}	mm	单管圈:$2R_1$ 双管圈:$\dfrac{2(n_{wt}^x R_2+n_{wt}^s R_1)}{(2n_{d2}-1)}$ 三管圈:$\dfrac{2(n_{wt}^x R_3+n_{wt}^s R_1)}{(3n_{d2}-1)}$	
17	纵向节距比	σ_2		$\dfrac{s_2^{pj}}{d}$	
18	管束深度	L_{gs}^g	m	$(Z_1 n_{d2}-1)\times s_2^{pj}+d$	
19	直管段高度	h_{lt}	m	$h_{sy}-2R_{z1}-2\delta$ (R_{z1} 为最外圈管弯头半径,$\delta=80$)	
20	每根管子(平均)长度	l_{pj}	m	按结构布置要求估算	
21	布置的对流受热面积	A_{gg}^{bz}	m²	$\pi\cdot d\cdot l_{pj}\cdot n_1\cdot Z_1$	
22	顶棚受热面积	A_{ld}	m²	$B\times(L_{qs}^g+L_{gs}^g)\times x_{ld}$ (x_{ld} 为高过区顶棚管角系数,$x_{ld}=0.95$)	
23	总对流传热面积	A_{ggq}^d	m²	$A_{gg}^{bz}+A_{ld}$	
24	二级减温水量	D_{jw2}	t/h	见表 10-14	
25	减温水焓	h_{jw}	kJ/kg	$=h_{gs}$	
26	蒸汽进口焓	h_{gg}'	kJ/kg	$\dfrac{D_{jw2}h_{gs}+D_{hp}h_{hp}''}{D}$	

序号	名　　称	符号	单位	计算公式或数据来源	数值
27	蒸汽进口温度	t'_{gg}	℃	查蒸汽特性表，P 参见表 6-1	
28	蒸汽出口温度	t''_{gg}	℃	已知，任务书给定	
29	蒸汽出口焓	h''_{gg}	kJ/kg	查水蒸气特性表，任务书给定压力下 P	
30	高温过热器吸热量	Q_{gg}	kJ/kg	$\dfrac{D_{gg}(h''_{gg}-h'_{gg})}{3.6\,B_j}$	
31	顶棚过热器附加吸热量	Q_{ld}	kJ/kg	假定	
32	高过区总吸热量	Q_{ggq}	kJ/kg	$=Q_{gg}+Q_{ld}$	
33	从悬吊管射入的辐射热	Q'^{f}_{ggq}	kJ/kg	$=Q''^{f}_{nz}$（查表 10-16）	
34	高过区对流传热量	Q^{d}_{ggq}	kJ/kg	$Q_{ggq}-Q'^{f}_{ggq}$	
35	理论空气焓	I^{0}_{lk}	kJ/kg	查烟气焓温表 10-5	
36	烟气进口温度	ϑ'_{gg}	℃	$=\vartheta''_{nz}$	
37	烟气进口焓	H'_{ygg}	kJ/kg	查表 10-16，$=H''_{ynz}$	
38	烟气出口焓	H''_{ygg}	kJ/kg	$H'_{ygg}-\dfrac{Q^{d}_{ggq}}{\varphi}+\Delta\alpha H^{0}_{lk}$	
39	烟气出口温度	ϑ''_{gg}	℃	查烟气焓温表（表 10-5）	
40	较小温差	Δt_x	℃		
41	较大温差	Δt_d	℃		
42	平均温差	Δt	℃	$(\Delta t_d-\Delta t_x)/\ln(\Delta t_d/\Delta t_x)$	
43	计算传热系数	K^{js}	W/(m²·℃)	$\dfrac{B_j\cdot Q^{d}_{ggq}}{\Delta t\times A^{d}_{ggq}}$（范围 60—100）	

2. 高温对流过热器的结构尺寸计算

高温过热器结构尺寸计算见表 10-18。

表 10-18　高温对流过热器结构尺寸表

序号	名　　称	符号	单位	计算公式或数据来源	数值
1	管径及壁厚	$d\times\delta$	mm	查表 10-17	
2	冷段布置及横向排数	n_{1l}	排	顺列，逆流，单（双，三）管圈	
3	热段布置及横向排数	n_{1r}	排	顺列，顺流，单（双，三）管圈	
4	横向节距	s_1	mm	查表 10-17 得	

序号	名　　称	符号	单位	计算公式或数据来源	数值
5	横向节距比	σ_1		$\dfrac{s_1}{d}$	
6	管圈数	Z_1	圈		
7	纵向(平均)节距	s_2^{pj}	mm	根据结构设计得	
8	纵向节距比	σ_2		$\dfrac{s_2^{pj}}{d}$	
9	管子纵向排数	n_2	排	$n_{d2}\,Z_1$	
10	冷段蒸汽流通面积	A_{llt}	m²	$n_{1l}\,Z_1\,\dfrac{\pi d_n^2}{4}$ 注：d_n 单位为 m，下同	
11	热段蒸汽流通面积	A_{rlt}	m²	$n_{1r}\,Z_1\,\dfrac{\pi d_n^2}{4}$	
12	平均蒸汽流通面积	A_{pj}	m²	$(A_{llt}+A_{rlt})/2$	
13	烟气流通面积	A_y	m²	$(B-n_1d)h_{sy}$	
14	冷段受热面积	A_l	m²	$n_{1l}\,Z_1\,\pi d l_{pj}$	
15	热段受热面积	A_r	m²	$n_{1r}\,Z_1\,\pi d\,l_{pj}$	
16	管束前气室深度	L_{qs}^g	m	选用	(0.7)
17	顶棚受热面积	A_{ld}	m²	$B\cdot(L_{qs}^g+L_{gs}^g)\cdot x_{ld}$ (x_{ld} 为顶棚管角系数，$x_{ld}=0.95$)	
18	管束深度	L_{gs}^g	m	查表 10-17	
19	有效辐射层厚度	s	m	$0.9d\left(\dfrac{4\,\sigma_1\,\sigma_2}{\pi}-1\right)$ 注：d 单位为 m	

3. 高温对流过热器的热力计算表

表 10-19　高温对流过热器热力计算表

序号	名　　称	符号	单位	计算公式或数据来源	数值
一、已知参量					
1	烟气进口温度	ϑ'_{ygg}	℃	$=\vartheta''_{nz}$	
2	烟气进口焓	H'_{ygg}	kJ/kg	$=H''_{nz}$（查表 10-16）	
3	进冷段蒸汽温度	t'_{ggl}	℃	即屏出口蒸汽温度，t''_{hp}	

序号	名 称	符号	单位	计算公式或数据来源	数值
4	进冷段蒸汽焓	h'_{ggl}	kJ/kg	即屏出口蒸汽焓，h''_{hp}	
5	热段出口蒸汽温度	t''_{ggr}	℃	取额定值，见任务书	
6	热段出口蒸汽焓	h''_{ggr}	kJ/kg	查蒸汽特性表，任务书给定压力 P 下	
二、投入的辐射热量及分配					
7	总辐射吸热量	Q''^{f}_{ggq}	kJ/kg	$=Q''^{f}_{nz}$（查表 10 - 16）	
8	冷段辐射吸热量	Q^{f}_{ggl}	kJ/kg	$Q'^{f}_{ggq}\dfrac{A_l}{A_l+A_r+A_{ld}}$	
9	热段辐射吸热量	Q^{f}_{ggr}	kJ/kg	$Q'^{f}_{ggq}\dfrac{A_r}{A_l+A_r+A_{ld}}$	
10	顶棚辐射吸热量	Q^{f}_{ggld}	kJ/kg	$Q'^{f}_{ggq}\dfrac{A_{ld}}{A_l+A_r+A_{ld}}$	
三、各受热面蒸汽吸热量计算					
11	冷段出口蒸汽温度	t''_{ggl}	℃	先估后校	
12	冷段出口蒸汽焓	h''_{ggl}	kJ/kg	参见表 6-1，P 下查表	
14	二级减温水量	D_{jw2}	t/h	查表 10 - 14	
15	减温水焓	h_{jw}	kJ/kg	$=h_{gs}$	
16	热段进口蒸汽焓	h'_{ggr}	kJ/kg	$\dfrac{h''_{ggl}(D-D_{jw2})+h_{jw}D_{jw2}}{D}$	
17	热段进口蒸汽温度	t'_{ggr}	℃	P 参见表 6-1	
18	冷段吸热量	Q_{ggl}	kJ/kg	$(D-D_{jw2})(h''_{ggl}-h'_{ggl})/(3.6B_j)$	
19	热段吸热量	Q_{ggr}	kJ/kg	$D(h''_{ggr}-h'_{ggr})/(3.6B_j)$	
20	高温过热器吸热量	Q_{gg}	kJ/kg	$Q_{ggl}+Q_{ggr}$	
21	高温过热器对流吸热量	Q^{d}_{gg}	kJ/kg	$Q_{gg}-Q^{f}_{ggl}-Q^{f}_{ggr}$	
22	顶棚对流吸热量	Q^{d}_{ggld}	kJ/kg	先估后校	
23	高过区域对流吸热量	Q^{d}_{ggq}	kJ/kg	$Q^{d}_{gg}+Q^{d}_{ggld}$	
四、高温过热器传热量计算及误差校核					
24	高温过热器出口烟焓	H''_{ygg}	kJ/kg	$H'_{ygg}-\dfrac{Q^{d}_{ggq}}{\varphi}+\Delta aH^{0}_{lk}$	
25	高过烟气出口温度	ϑ''_{ygg}	℃	查烟气焓温表（表 10 - 5）	

序号	名　　称	符号	单位	计算公式或数据来源	数值
26	烟气平均温度	ϑ_{pj}	℃	$(\vartheta'_{ygg} + \vartheta''_{ygg})/2$	
27	烟气流速	w_y	m/s	$\dfrac{B_j V_y (\vartheta_{pj} + 273)}{A_y \times 273}$	
28	烟气侧对流放热系数	α^d	W/(m²·℃)	$\alpha_0 C_z C_s C_w$ 查附录 C,图 C-7	
29	冷段蒸汽平均温度	t_{ggl}^{pj}	℃	$(t'_{ggl} + t''_{ggl})/2$	
30	冷段蒸汽平均比体积	v_{ggl}	m³/kg	按冷段进出口平均压力值 P_{pj} 查表	
31	冷段蒸汽平均流速	w_{ggl}	m/s	$(D - D_{jw2}) v_{ggl}/(3.6 \times A_{llt})$	
32	冷段蒸汽放热系数	α_{ggl}	W/(m²·℃)	$\alpha_0 C_d$ 查附录 C,图 C-10	
33	热段蒸汽平均温度	t_{ggr}^{pj}	℃	$(t'_{ggr} + t''_{ggr})/2$	
34	热段蒸汽平均比体积	v_{ggr}	m³/kg	按热段进出口平均压力值 P_{pj} 查表	
35	热段蒸汽平均流速	w_{ggr}	m/s	$D v_{ggr}/(3.6 \times A_{rlt})$	
36	热段蒸汽放热系数	α_{ggr}	W/(m²·℃)	$\alpha_0 C_d$ 查附录 C,图 C-10	
37	高过烟气有效辐射厚度	s	m	查高温过热器结构尺寸 表 10-18	
38	烟气压力	P	MPa		(0.1)
39	水蒸气容积份额	r_{H2O}		查烟气特性表(表 10-4) 高温过热器一栏	
40	三原子气体和水蒸气容积份额	$r\sum$		查烟气特性表(表 10-4) 高温过热器一栏	
41	三原子气体的辐射减弱系数	k_q	1/(m·MPa)	$10.2\left(\dfrac{0.78 + 1.6 r_{H2O}}{\sqrt{10.2 r \varepsilon PS}} - 0.1\right)\left(1 - 0.37\dfrac{T_{pj}}{1\,000}\right)$	
42	灰粒的辐射减弱系数	k_h	1/(m·MPa)	$\dfrac{55\,900}{\sqrt[3]{(\vartheta_{pj} + 273)^2 d_h^2}}$ 注:d_h 单位为 μm	
43	烟气质量飞灰浓度	μ_y	kg/kg	查烟气特性表(表 10-4) 高温过热器一栏	
44	烟气辐射减弱系数	k	1/(m·MPa)	$k_q r\sum + k_h \mu_y$	

序号	名　　称	符号	单位	计算公式或数据来源	数值
45	烟气黑度	a		$1-e^{-kps}$	
46	冷段管壁灰污层温度	t_{ggl}^{hb}	℃	$t_{ggl}^{pj}+\dfrac{1\,000B_j Q_{ggl}^d\left(\varepsilon+\dfrac{1}{\alpha_{ggl}}\right)}{A_l}$ （其中：$\varepsilon=0.004\,3,Q_{ggl}^d=Q_{ggl}-Q_{ggl}^f$）	
47	热段管壁灰污层温度	t_{ggr}^{hb}	℃	$t_{ggr}^{pj}+\dfrac{1\,000B_j Q_{ggr}^d\left(\varepsilon+\dfrac{1}{\alpha_{ggr}}\right)}{A_r}$ （其中：$\varepsilon=0.004\,3,Q_{ggr}^d=Q_{ggr}-Q_{ggr}^f$）	
48	冷段烟气辐射放热系数	α_{ggl}^f	W/(m²·℃)	$a\alpha_0$ 查附录 C,图 C-11	
49	热段烟气辐射放热系数	α_{ggr}^f	W/(m²·℃)	$a\alpha_0$ 查附录 C,图 C-11	
50	修正后冷段辐射放热系数	α_{ggl}^{fl}	W/(m²·℃)	$\alpha_{ggl}^f\left[1+0.4\left(\dfrac{\vartheta_{pj}+273}{1\,000}\right)^{0.25}\left(\dfrac{l_{qs}}{l_{gs}}\right)^{0.07}\right]$	
51	修正后热段辐射放热系数	α_{ggr}^{fl}	W/(m²·℃)	$\alpha_{ggr}^f\left[1+0.4\left(\dfrac{\vartheta_{pj}+273}{1\,000}\right)^{0.25}\left(\dfrac{l_{qs}}{l_{gs}}\right)^{0.07}\right]$	
52	热有效系数	Ψ		查附录 B,表 B-4	
53	冷段传热系数	K_{ggl}	W/(m²·℃)	$\psi\dfrac{\alpha_1\,\alpha_{ggl}}{\alpha_1+\alpha_{ggl}}$ （$\alpha_1=\alpha^d+\alpha_{ggl}^{fl}$）	
54	热段传热系数	K_{ggr}	W/(m²·℃)	$\psi\dfrac{\alpha_1\,\alpha_{ggr}}{\alpha_1+\alpha_{ggr}}$ （$\alpha_1=\alpha^d+\alpha_{ggr}^{fl}$）	
55	冷段平均温差	Δt_{ggl}	℃	$\dfrac{\Delta t_d-\Delta t_x}{\ln\dfrac{\Delta t_d}{\Delta t_x}}$ （其中：$\Delta t_d=\vartheta_{gg}'-t_{ggl}'',\Delta t_x=\vartheta_{gg}''-t_{ggl}'$）	
56	热段平均温差	Δt_{ggr}	℃	$\dfrac{\Delta t_d-\Delta t_x}{\ln\dfrac{\Delta t_d}{\Delta t_x}}$ （其中：$\Delta t_d=\vartheta_{gg}'-t_{ggr}',\Delta t_x=\vartheta_{gg}''-t_{ggr}''$）	
57	冷段对流传热量	Q_{ggl}^{d2}	kJ/kg	$\dfrac{K_{ggl}\Delta t_{ggl}A_l}{1\,000\,B_j}$	
58	计算误差		%	$\dfrac{Q_{ggl}^d-Q_{ggl}^{d2}}{Q_{ggl}^d}\times100$（允许误差±2%）	
59	热段对流传热量	Q_{ggr}^{d2}	kJ/kg	$\dfrac{K_{ggr}\Delta t_{ggr}A_r}{1\,000\,B_j}$	

序号	名　称	符号	单位	计算公式或数据来源	数值
60	计算误差		%	$\dfrac{Q_{ggr}^d - Q_{ggr}^{d2}}{Q_{ggr}^d} \times 100$（允许误差±2%）	
61	顶棚入口汽温	t'_{ggld}	℃	表 10-15 屏区顶棚出口汽温 t''_{pld}	
62	顶棚入口汽焓	h'_{ggld}	kJ/kg	表 10-15 屏顶棚出口汽焓 h''_{pld}	
63	顶棚出口汽焓	h''_{ggld}	kJ/kg	$h'_{ggld} + 3.6(Q_{ggld}^d + Q_{ggld}^f) \cdot B_j / D_{ld}$	
64	顶棚出口汽温	t''_{ggld}	℃	参见表 6-1 汽包压力	
65	顶棚对流传热量	Q_{ggld}^{d2}	kJ/kg	$\dfrac{K_{ld}\Delta t_{ld} A_{ld}}{1\,000\,B_j}$ （其中：$K_{ld} = \dfrac{K_{ggl}+K_{ggr}}{2}$，$\Delta t_{ld} = \vartheta_{pj} - t''_{ggld}$）	
66	计算误差		%	$\dfrac{Q_{ggld}^d - Q_{ggld}^{d2}}{Q_{ggld}^d} \times 100$（允许误差±10%）	
67	高温过热器区域总对流传热量	Q_{ggq}^d	kJ/kg	$Q_{ggl}^{d2} + Q_{ggr}^{d2} + Q_{ggld}^{d2}$	

第九节　低温过热器

1. 低温对流过热器结构设计

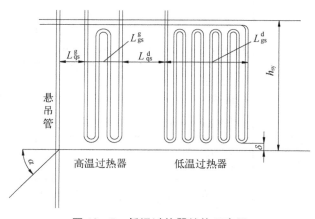

图 10-5　低温过热器结构示意图

低温对流过热器布置在水平烟道中,在高温对流过热器的后面,采用多管圈、顺列、逆流布置形式。低温过热器的顶棚管在其上面,与低温过热器平行受热,顶棚管与低温过热器相比受热面积很小,所以把顶棚管过热器和低温过热器的面积相加,当作低温过热器的受热面积。因此,低温过热器的蒸汽进口是顶棚管的蒸汽出口。其结构示意图如图 10-5 所示。

低温过热器结构设计表见表 10-20。

表 10 - 20　低温对流过热器结构设计

序号	名　　称	符号	单位	计算公式或数据来源	数值
1	低温过热器蒸汽流量	D_{dg}	t/h	$D - D_{jw}$	
2	蒸汽进口温度	t'_{dg}	℃	=高过顶棚过热器出口温度 $= t''_{ggld}$	
3	蒸汽进口焓	h'_{dg}	kJ/kg	$= h''_{ggld}$（查表 10 - 19）	
4	一级减温水流量	D_{jw1}	t/h	见表 10 - 14	
5	一级减温水焓	h_{jw1}	kJ/kg	$= h_{gs}$	
6	后屏进口蒸汽焓	h'_{hp}	kJ/kg	查表 10 - 15	
7	低过出口蒸汽焓	h''_{dg}	kJ/kg	$= \dfrac{D_{hp}h'_{hp} - D_{jw1}h_{jw1}}{D_{dg}}$	
8	低过蒸汽出口温度	t''_{dg}	℃	查蒸汽特性表,参见表 6 - 1	
9	工质总对流吸热量	Q_{dg}	kJ/kg	$= \dfrac{D_{dg}(h''_{dg} - h'_{dg})}{3.6B_j}$	
10	低温过热器对流传热量	Q^d_{dg}	kJ/kg	$= Q_{dg}$	
11	低温对流过热器布置方式			顺列、逆流	
12	理论冷空气焓	I^0_{lk}	kJ/kg	查烟气焓温表（表 10 - 5）	
13	烟气进口温度	ϑ'_{ydg}	℃	$\vartheta'_{ydg} = \vartheta''_{ygg}$	
14	烟气进口焓	H'_{ydg}	kJ/kg	$= H''_{ygg}$	
15	烟气出口焓	H''_{ydg}	kJ/kg	$H'_{ydg} + \Delta\alpha \cdot I^0_{lk} - \dfrac{Q^d_{dg}}{\varphi}$	
16	烟气出口温度	θ''_{ydg}	℃	查烟气焓温表（表 10 - 5）	
17	较小温差	Δt_x	℃		
18	较大温差	Δt_d	℃		
19	平均温差	Δt	℃	$(\Delta t_d - \Delta t_x)/\ln(\Delta t_d/\Delta t_x)$	
20	传热系数	K	W/(m²·℃)	选取 55—80	
21	计算对流受热面积	A^{js}_{dg}	m²	$\dfrac{B_j \cdot Q^d_{dg} \cdot 1\,000}{K \cdot \Delta t}$	
22	管径及壁厚	$d \times \delta$	mm	选用	（$\phi 38 \times 4$）
23	横向排数	n_1	排	选用	

序号	名　　称	符号	单位	计算公式或数据来源	数值
24	横向节距	s_1	mm	$s_1 = \dfrac{1\,000 \times B}{(n_1 + 1)}$	
25	横向节距比	σ_1		$\dfrac{s_1}{d} = 2.5$ 左右	
26	管圈数	Z_1	圈	选用 1、2 或 3	
27	蒸汽流通面积	A_{lt}	m²	$\dfrac{\pi d_n^2}{4} \times n_1 \times Z_1$	
28	蒸汽质量流速	ρw	kg/(m²·s)	$\dfrac{D_{dg}}{3.6 \times A_{lt}}$ (500—1 000 之间)	
29	单根管纵向排数	n_{d2}	排	双数	
30	单根管纵向弯头数	n_{ut}	个	$n_{ut} = n_{d2} - 1$ 上弯头：$n_{ut}^s = n_{ut}/2 - 0.5$ 下弯头：$n_{ut}^x = \dfrac{n_{ut}}{2} + 0.5$	
31	管子弯曲半径（单管圈）	R_1	mm	$R_1 \geqslant 1.5 \sim 2.5\,d$	
	（双管圈）	R_2	mm	$R_2 = R_1 + d$	
	（三管圈）	R_3	mm	$R_3 = R_1 + 2d$	
32	纵向（平均）节距	s_2^{pj}	mm	单管圈：$2R_1$ 双管圈：$\dfrac{2(n_{ut}^x R_2 + n_{ut}^s R_1)}{(2n_{d2} - 1)}$ 三管圈：$\dfrac{2(n_{ut}^x R_3 + n_{ut}^s R_1)}{(3n_{d2} - 1)}$	
33	纵向节距比	σ_2		$\dfrac{s_2^{pj}}{d}$	
34	前气室深度	L_{qs}^d	m		(0.8)
35	管束深度	L_{gs}^d	m	$(Z_1 n_{d2} - 1) \times s_2^{pj} + d$	
36	直管段高度	h_{lt}	m	$h_{sy} - 2R_{Z1} - 2 \times \delta$ （R_{Z1} 为最外圈管弯头半径，$\delta = 80$）	
37	每根管子（平均）长度	l_{pj}	m	根据布置情况估算	
38	布置的对流受热面积	A_{dg}^{bz}	m²	$\pi d\, l_{pj} n_1 Z_1 + B(L_{qs}^d + L_{gs}^d)\, x_{ld}$ x_{ld} 为顶棚管角系数，$x_{ld} = 0.95$	
39	误差	ΔA	%	$\dfrac{A_{dg}^{js} - A_{dg}^{bz}}{A_{dg}^{bz}} \times 100$（误差 $\leqslant \pm 2\%$）	

2. 低温对流过热器结构尺寸计算

低温过热器结构数据计算表见表 10 - 21。

表 10 - 21　低温过热器结构尺寸计算

序号	名　　称	符号	单位	计算公式或数据来源	数值
1	布置			顺列,逆流,单(双、三)管圈	
2	管径及壁厚	$d \times \delta$	mm	查表 10 - 20	
3	横向排数	n_1	排	查表 10 - 20	
4	管圈数	Z_1	圈	查表 10 - 20	
5	纵向排数	n_2	排	$n_{d2} Z_1$	
6	横向节距	s_1	mm	查表 10 - 20	
7	横向节距比	σ_1		$\dfrac{s_1}{d}$ (2.5 左右)	
8	纵向节距	s_2^{pj}	mm	查表 10 - 20	
9	纵向节距比	σ_2		$\dfrac{s_2^{pj}}{d}$	
10	管束深度	L_{gs}^d	m	查表 10 - 20	
11	蒸汽流通面积	A_{lt}	m^2	$n_1 Z_1 \dfrac{\pi d_n^2}{4}$	
12	烟气流通面积	A_y	m^2	$h_y(B - n_1 d)$ h_{sy} 为水平烟道高度,m	
13	低温过热器受热面积	A_{dg}	m^2	$= A_{dg}^{bz}$ (查表 10 - 20)	
14	低温过热器前气室深度	L_{qs}^d	m	查表 10 - 20	
15	辐射层有效厚度	s	m	$0.9d\left(\dfrac{4\sigma_1\sigma_2}{\pi} - 1\right)$, d 单位 m	

3. 低温对流过热器结构尺寸简图

参见图 10 - 5。

4. 低温对流过热器热力计算表

表 10 - 22　低温过热器的热力计算

序号	名　　称	符号	单位	计算公式或数据来源	数值
1	烟气进口温度	ϑ_{ydg}'	℃	即高温过热器出口烟气温度 ϑ_{ygg}''	
2	烟气进口焓	H_{ydg}'	kJ/kg	即高温过热器出口烟气焓 H_{ygg}''	

序号	名　　称	符号	单位	计算公式或数据来源	数值
3	蒸汽进口温度	t'_{dg}	℃	即高温过热器顶棚出口蒸汽温度 t''_{ggld}	
4	蒸汽进口焓	h'_{dg}	kJ/kg	即高温过热器顶棚出口蒸汽焓 h''_{ggld}	
5	蒸汽出口温度	t''_{dg}	℃	先估后校	
6	蒸汽出口焓	h''_{dg}	kJ/kg	参见表 6-1,P 下查蒸汽特性表	
7	过热器对流吸热量	Q^d_{dg}	kJ/kg	$D_{dg}(h''_{dg}-h'_{dg})/(3.6B_j)$	
8	烟气出口焓	H''_{ydg}	kJ/kg	$H'_{ydg}+\Delta\alpha \cdot H^0_{lk}-\dfrac{Q^d_{dg}}{\varphi}$	
9	烟气出口温度	ϑ''_{dg}	℃	查烟气焓温表(表 10-5)	
10	烟气平均温度	ϑ_{pj}	℃	$(\vartheta'_{dg}+\vartheta''_{dg})/2$	
11	蒸汽平均温度	t_{pj}	℃	$(t'_{dg}+t''_{dg})/2$	
12	烟气流速	w_y	m/s	$\dfrac{B_jV_y(\vartheta_{pj}+273)}{A_y\times 273}$	
13	烟气侧对流放热系数	α^d	W/(m²·℃)	$\alpha_0 C_z C_s C_w$ 查附录 C,图 C-7	
14	蒸汽平均比容	v_{pj}	m³/kg	查蒸汽特性表,蒸汽进出口平均压力 P_{pj} 下	
15	蒸汽平均流速	w_q	m/s	$\dfrac{D_{dg}v_{pj}}{3.6\times A_{lt}}$	
16	蒸汽侧放热系数	α_2	W/(m²·℃)	$\alpha_0 C_d$ 查附录 C,图 C-10	
17	管壁灰污层温度	t_{hb}	℃	$t_{pj}+\left(\varepsilon+\dfrac{1}{\alpha_2}\right)\dfrac{1\,000B_jQ^d_{dg}}{A_{dg}}$ $\varepsilon=0.004\,3$	
18	烟气有效辐射层厚度	s	m	查表 10-21	
19	烟气压力	P	MPa		(0.1)
20	水蒸气容积份额	r_{H_2O}		查烟气特性表 10-4	
21	三原子气体和水蒸气容积份额	r_Σ		查烟气特性表 10-4	
22	三原子气体的辐射减弱系数	k_q	1/(m·MPa)	$10.2\left(\dfrac{0.78+1.6\,r_{H_2O}}{\sqrt{10.2r_\varepsilon PS}}-0.1\right)\left(1-\right.$ $\left.0.37\dfrac{T_{pj}}{1\,000}\right)$	

序号	名　　称	符号	单位	计算公式或数据来源	数值
23	灰粒的辐射减弱系数	k_h	1/(m·MPa)	$\dfrac{55\,900}{\sqrt[3]{(\vartheta_{pj}+273)^2 d_h^2}}$ 注：d_h 单位为 μm	
24	烟气质量飞灰浓度	μ_y	kg/kg	查烟气特性表 10-4	
25	烟气辐射减弱系数	k	1/(m·MPa)	$k_q r_\Sigma + k_h \mu_y$	
26	烟气黑度	a_y		$1-e^{-kPs}$	
27	烟气侧辐射放热系数	α^f	W/(m²·℃)	$a_y \alpha_0$ 查附录 C，图 C-11	
28	修正后辐射放热系数	α^{fl}	W/(m²·℃)	$\alpha^f\left[1+0.4\left(\dfrac{\vartheta_{pj}+273}{1\,000}\right)^{0.25}\left(\dfrac{L_{qs}^d}{L_{gs}^d}\right)^{0.07}\right]$	
29	利用系数	ξ			1
30	烟气侧放热系数	α_1	W/(m²·℃)	$\xi(\alpha^{fl}+\alpha^d)$	
31	热有效系数	Ψ		查附录 B，表 B-4	
32	传热系数	K	W/(m²·℃)	$\Psi\dfrac{\alpha_1 \alpha_2}{\alpha_1+\alpha_2}$	
33	较小温差	Δt_x	℃	$\vartheta_{dg}'' - t_{dg}'$	
34	较大温差	Δt_d	℃	$\vartheta_{dg}' - t_{dg}''$	
35	平均温差	Δt	℃	$\dfrac{\Delta t_d - \Delta t_x}{\ln\dfrac{\Delta t_d}{\Delta t_x}}$	
36	低过对流传热量	Q_{dg}^{d2}	kJ/kg	$\dfrac{K \cdot \Delta t \cdot A_{dg}}{1\,000 B_j}$	
37	误差		%	$\dfrac{Q_{dg}^d - Q_{dg}^{d2}}{Q_{dg}^d}$ (±2%)	
38	一级减温水量	D_{jw1}	kg/h	查表 10-14	
39	减温水焓	h_{jw}	kJ/kg	$= h_{gs}$	
40	低过出口蒸汽焓	h_{dg}''	kJ/kg	$h_{dg}''=\dfrac{Q_{dg}^{d2} \cdot B_j \cdot 3.6}{D_{dg}}+h_{dg}'$	
41	减温后蒸汽焓	h_{jw1}''	kJ/kg	$(D_{jw1}h_{jw}+D_{dg}h_{dg}'')/(D-D_{jw2})$	
42	减温后蒸汽温度	t_{jw1}''	℃	查蒸汽特性表，参见表 6-1	
43	屏入口汽温误差	Δt	℃	$t_{jw1}''-t_{hp}'<\pm 1$℃	

第十节　减温水校核

减温水校核结果列于表 10-23 中。

表 10-23　减温水校核

序号	名　称	符号	单位	计算公式或数据来源	结果
1	过热器出口蒸汽焓	h''_{gr}	kJ/kg	查蒸汽特性表 （任务书给定的温度和压力）	
2	过热器进口蒸汽焓	h''_{qb}	kJ/kg	查蒸汽特性表 （汽包出口饱和蒸汽的焓）	
3	给水的焓	h_{gs}	kJ/kg	查蒸汽特性表 （任务书给定的温度和压力）	
4	炉膛顶棚过热器辐射吸热量	Q^f_{ld}	kJ/kg	由炉膛计算得到,等于 Q_{ld}	
5	后屏及对流过热器吸收的炉膛辐射热	Q^f_{lh}	kJ/kg	$Q^f_p + Q^f_{pld} + Q^f_{ggl} + Q^f_{ggr} + Q^f_{ggld}$	
6	后屏对流吸热量	Q^d_{hp}	kJ/kg	$Q^{cr}_p + Q^{d2}_{pld}$	
7	对流过热器对流吸热量	Q^{d2}_{gr}	kJ/kg	$Q^{d2}_{dg} + Q^{d2}_{ggl} + Q^{d2}_{ggr} + Q^{d2}_{ggld}$	
8	上述热量总和	ΣQ	kJ/kg	$Q^f_{ld} + Q^f_{lh} + Q^d_{hp} + Q^{d2}_{gr}$	
9	减温水量	D^j_{jw}	t/h	$\dfrac{3.6B_j \sum Q - D(h''_{gr} - h''_{qb})}{h''_{qb} - h_{gs}}$	
10	误差	ΔD	%	$\left(\dfrac{D_{jw1} + D_{jw2} - D^j_{jw}}{D_{jw1} + D_{jw2}}\right) \times 100\,(\leqslant \pm 5\%)$	

第十一节　尾部受热面(双级布置)

1. 上级省煤器结构设计及热力计算

上级省煤器布置在尾部烟道中,采用平行于前墙、双面进水、双管圈、错列逆流布置形式。

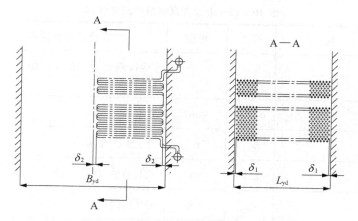

图 10－6　省煤器结构示意图(单管圈)

（1）省煤器出口水温计算

表 10－24　省煤器出口水温计算

序号	名　称	符号	单位	计算公式或数据来源	结果
1	炉膛有效辐射放热量	Q_f	kJ/kg	查表 10－12	
2	屏间烟气向屏后的辐射热	$Q_{pj''}^{f}$	kJ/kg	查表 10－15	
3	屏区受热面总对流吸热量	Q_{pq}^{d}	kJ/kg	查表 10－15	
4	悬吊管对流吸热量	Q_{nz}^{d}	kJ/kg	查表 10－16	
5	高温过热器区对流吸热量	Q_{ggq}^{d}	kJ/kg	查表 10－19	
6	低温过热器区对流吸热量	Q_{dg}^{d}	kJ/kg	查表 10－22	
7	省煤器后工质总吸热量	$\sum Q$	kJ/kg	$Q_f + Q_{pq}^{d} + Q_{nz}^{d} + Q_{ggq}^{d} + Q_{dg}^{d} + Q_{pj''}^{f}$	
8	锅炉出口蒸汽焓	h_{ggr}''	kJ/kg	查表 10－19	
9	上级省煤器水流量	D_{ss}	t/h	$D - D_{jw} + \dfrac{d_{pw}}{100}D$	
10	上级省煤器出口水焓	h_{ss}''	kJ/kg	$\dfrac{D}{D_{ss}}\left(h_{ggr}'' - \dfrac{3.6B_j}{D}\sum Q + \dfrac{d_{pw}}{100}h_{qb}' - \dfrac{D_{jw}}{D}h_{gs}\right)$	
11	上级省煤器出口水温	t_{ss}''	℃	根据出水焓,查水蒸汽特性表,P 参见表 6－1	

（2）上级省煤器结构尺寸计算

表 10－25　上级省煤器结构尺寸计算

序号	名　　称		符号	单位	计算公式或数据来源	结果
1	布置				错列,逆流、两侧墙双面进水、单(或双)管圈	
2	管子尺寸		$d \times \delta$	mm	选用	$(\phi 32 \times 4)$
3	烟道宽度		B_{yd}	m	等于炉膛宽度 B	
4	烟道深度		L_{yd}	m	先取后估	
5	横向节距		s_{1ss}	mm	由结构设计估	
6	横向节距比		σ_1		s_{1ss}/d 略大于 2	
7	横向排数		n_{1ss}	排	$(L_{yd} - 2 \times \delta_1 - d)/s_{1ss} + 1$ $\delta_1 = 0.05$ m	
8	错列横向排数		n_{1css}	排	$n_{1ss} - 1$	
9	管圈数		Z_1	圈	选取 1 或 2	
10	水流通截面积		A_{lt}	m²	$2Z_1(n_{1ss} + n_{1css}) \times \pi d_n^2/4$	
11	上级省煤器水流量		D_{ss}	t/h	查表 10－24	
12	水质量流速		ρw_{ss}	kg/(m²·s)	$\dfrac{D_{ss}}{3.6 \times A_{lt}}$ (400—500 之间)	
13	烟气最小流通面积		A_y	m²	$B_{yd} \times L_{yd} - d \times (B_{yd} - 4 \times \delta_2) n_{1ss}$ $\delta_2 = 0.05$ m	
14	烟气流速		w_y	m/s	$\dfrac{B_j V_y (\vartheta''_{dg} + 273)}{A_y \times 273}$ (7—13 之间)	
15	单根管纵向排数		n_{2ss}	排	假定(双数)	
16	单根管纵向弯头数		n_{ut}	个	$n_{ut} = n_{2ss} - 1$ 内弯头: $n_{ut}^n = n_{ut}/2 - 0.5$ 外弯头: $n_{ut}^w = \dfrac{n_{ut}}{2} + 0.5$	
17	管子弯曲半径	单管圈	R	mm	$R \geqslant 1.5 \sim 2.0\,d$	
		双管圈	R_1	mm	$R_1 \geqslant 1.5 \sim 2.0\,d$	
			R_2	mm	$R_2 = R_1 + d$	

续　表

序号	名　称		符号	单位	计算公式或数据来源	结果
18	纵向平均节距	单管圈	s_2^{pj}	mm	$2R$	
		双管圈			$\dfrac{2(n_{ut}^w R_2 + n_{ut}^n R_1)}{(2n_{2ss}-1)}$	
19	纵向节距比				$\dfrac{s_2^{pj}}{d}$	
20	管束高度		L_{gs}^s	m	$(Z_1 n_{2ss}-1) \times s_2^{pj} + d$	
21	直管段长度		h_{lt}	m	$\dfrac{B_y}{2} - 2\delta_2 - 2R_2$ $(\delta_2 = 0.05 \text{ m})$	
22	每根管子(平均)长度		l_{dg}	m	单管圈: $n_{2ss}h_{lt} + \pi R n_{ut} + 2R + 0.2$ 双管圈: $n_{2ss}h_{lt} + \dfrac{n_{ut}(R_1+R_2)\pi}{2}$ $+ 2R_2 + 0.2$ $R = (R_1+R_2)/2$,单位为 m	
23	上级省煤器传热面积		A_{ss}^{js}	m²	$2Z_1(n_{1css}+n_{1ss})\pi d\, l_{dg}$ 注: d 单位为 m	
24	有效辐射层厚度		s	m	$0.9d\left(\dfrac{4\sigma_1\sigma_2}{\pi}-1\right)$ 注: d 单位为 m	
25	管束前气室高度		L_{qss}	m	取水平烟道高度/2	
26	管束高度(修正)		L_{gss}	m	$2R(n_{2ss}-1)+R+2d$	
27	管束布置高度		L_{gss}^{bz}	m	若 $L_{gss} > 1$ m 分成两段,中间留出 0.8 m $L_{gss}^{bz} = L_{gss} + 0.8$	

（3）上级省煤器结构尺寸简图

参见图 10-6。

（4）上级省煤器热力计算

表 10-26　上级省煤器热力计算

序号	名　称	符号	单位	计算公式	结果
一、已知参数					
1	进口烟温	ϑ_{ss}'	℃	等于低温过热器出口烟温 ϑ_{dg}''	
2	进口烟焓	H_{yss}'	kJ/kg	等于低温过热器出口烟焓 H_{ydg}''	

序号	名　称	符号	单位	计算公式	结果
3	上级省煤器水流量	D_{ss}	t/h	$D - D_{jw} + \dfrac{d_{pw}}{100}D$	
4	上级省煤器进口压力	p'_{ss}	MPa	参见表 6-1	
5	上级省煤器出口压力	p''_{ss}	MPa	参见表 6-1	
6	省煤器出口水焓	h''_{ss}	kJ/kg	查表 10-24	
7	省煤器出口水温	t''_{ss}	℃	查表 10-24	
二、上级省煤器进口水温计算					
8	出口烟温	ϑ''_{ss}	℃	先估后校 (注意：$\vartheta''_{ss} - t_{rk} \geqslant 25\ ℃$)	
9	出口烟焓	H''_{yss}	kJ/kg	查烟气焓温表(表 10-5)	
10	上级省煤器吸热量	Q^d_{ss}	kJ/kg	$\varphi(H'_{yss} - H''_{yss} + \Delta\alpha H^0_{lk})$	
11	上级省煤器进口水焓	h'_{ss}	kJ/kg	$h''_{ss} - Q^d_{ss}\dfrac{3.6\,B_j}{D_{ss}}$	
12	上级省煤器进口水温	t'_{ss}	℃	查水蒸汽特性表，P 参见表 6-1	
三、上级省煤器对流传热计算及校核					
13	平均烟气温度	ϑ_{pj}	℃	$(\vartheta'_{ss} + \vartheta''_{ss})/2$	
14	平均水温	t_{pj}	℃	$(t'_{ss} + t''_{ss})/2$	
15	烟气有效辐射层厚度	s	m	查表 10-25	
16	烟气压力	P	MPa		(0.1)
17	水蒸气容积份额	r_{H_2O}		查烟气特性表(表 10-4)	
18	三原子气体和水蒸气容积份额	r_Σ		查烟气特性表(表 10-4)	
19	三原子气体的辐射减弱系数	k_q	1/(m・MPa)	$10.2\times\left(\dfrac{0.78 + 1.6\,r_{H_2O}}{\sqrt{10.2\,r_\Sigma Ps}} - 0.1\right)\left(1 - 0.37\dfrac{T_{pj}}{1\,000}\right)$	
20	灰粒的辐射减弱系数	k_h	1/(m・MPa)	$\dfrac{55\,900}{\sqrt[3]{(\vartheta_{pj} + 273)^2 d^2_h}}$ 注：d_h 单位为 μm	

序号	名　称	符号	单位	计算公式	结果
21	烟气质量飞灰浓度	μ_y	kg/kg	查烟气特性表(表10-4)	
22	烟气辐射减弱系数	k	1/(m·MPa)	$k_q r_\Sigma + k_h \mu_y$	
23	烟气黑度	a_y		$1 - e^{-kPs}$	
24	管壁灰污层温度	t_{hb}	℃	$t_{pj} + 60$	
25	烟气侧辐射放热系数	α_{ss}^f	W/(m²·℃)	$a_y \alpha_0$,查附录C,图C-11	
26	修正后辐射放热系数	α_{ss}^{fl}	W/(m²·℃)	$\alpha_{ss}^f \left[1 + 0.4\left(\dfrac{\vartheta_{pj} + 273}{1\,000}\right)^{0.25}\left(\dfrac{l_{qss}}{l_{gss}}\right)^{0.07}\right]$	
27	烟气流速	w_y	m/s	$\dfrac{B_j V_y(\vartheta_{pj} + 273)}{A_y \times 273}$ (流速范围7~13之间)	
28	烟气侧对流放热系数	α^d	W/(m²·℃)	$\alpha_0 C_z C_s C_w$ 查附录C,图C-8	
29	利用系数	ξ	—	ξ取1.0	
30	污染系数	ε	—	$\varepsilon_0 C_{sf} C_d + \Delta\varepsilon$[其中:$C_{sf}$为修正系数,对煤取1;$\varepsilon_0$、$C_d$查附录C,C-13(a),(b),$\Delta\varepsilon$查附录B,表B-2]	
31	烟气侧放热系数	α_1	W/(m²·℃)	$\xi(\alpha_{ss}^{fl} + \alpha^d)$	
32	传热系数	K_{ss}	w/(m²·℃)	$\dfrac{\alpha_1}{1 + \varepsilon \alpha_1}$	
33	平均温差	Δt_{ss}	℃	$\dfrac{\Delta t_d - \Delta t_x}{\ln\dfrac{\Delta t_d}{\Delta t_x}}$ (其中:$\Delta t_d = \vartheta'_{ss} - t''_{ss}$,$\Delta t_x = \vartheta''_{ss} - t'_{ss}$)	
34	上级省煤器对流传热量	Q_{ss}^{d2}	kJ/kg	$\dfrac{K_{ss} \cdot \Delta t_{ss} \cdot A_{ss}^{js}}{1\,000 B_j}$	
35	误差		%	$\dfrac{Q_{ss}^d - Q_{ss}^{d2}}{Q_{ss}^d} \times 100$(允许误差±2%)	

2. 上级空气预热器结构设计及热力计算

上级空气预热器为管式空气预热器,布置在尾部烟道中的上级省煤器的下面,采用前后墙双面进风方式,错列、交叉流布置。通道数可根据结构设计和设计参数确定。上级空气预热器结构图如图10-7所示。

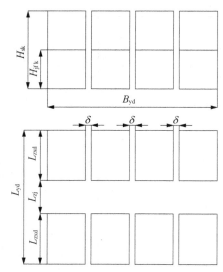

图 10-7 上级空气预热器结构示意图

（1）上级空气预热器结构设计

表 10-27 上级空气预热器结构设计

序号	名　称	符号	单位	计　算　公　式	结果
1	布置			错列，交叉流、前后墙双面进风	
2	管子规格	$d \times \delta$	mm	选用	（$\phi 40 \times$ 1.5）
3	横向节距	s_1	mm	查表 7-2	（68）
4	纵向节距	s_2	mm	查表 7-2	（42）
5	横向相对节距	σ_1		s_1/d （$\sigma_1 = 1.5 \sim 1.75$）	
6	纵向相对节距	σ_2		s_2/d （$\sigma_2 = 1 \sim 1.25$）	
7	烟道宽度	B_{yd}	m		
8	烟道深度	L_{yd}	m		
9	横向总排数（空气侧）	n_1	排	$\approx \left(1 + \dfrac{0.95 B_{yd}}{s_1}\right) \times 2$	
10	上空预器进口烟温	ϑ'_{sk}	℃	等于上级省煤器出口烟温 ϑ''_{ss}	
11	上空预器出口烟温	ϑ''_{sk}	℃	假定值 [$\approx t'_{ss} + (30 \sim 50)$]	
12	平均烟温	ϑ_{pj}	℃	$(\vartheta'_{sk} + \vartheta''_{sk})/2$	
13	烟气流速	w_y	m/s	选取（10～14 之间）	

序号	名 称	符号	单位	计 算 公 式	结果
14	管子根数	N	根	$\dfrac{B_j V_y}{0.785 w_y d_n^2} \cdot \dfrac{(\vartheta_{pj}+273)}{273}$	
15	单侧纵向排数	n_2	排	N/n_1	
16	单侧纵向深度	L_{zxd}	m	$(n_2+1)S_2/1\,000$	
17	管子高度	H_{sk}	m	先估后校	
18	行程数	n_{sk}		先估后校(整数)	
19	单侧进风口高度	H_{jfk}	m	H_{sk}/n_{sk}	
20	单侧空气流通面积	A_k	m²	$B_{yd}H_{jfk}-n_1 d H_{jfk}/2$	
21	上空预器进口风温	t'_{sk}	℃	假定	
22	上空预器出口风温	t''_{sk}	℃	等于热空气温度 t_{rk}	
23	平均风温	t_{pj}	℃	$(t'_{sk}+t''_{sk})/2$	
24	空气流速	w_k	m/s	$\left(\beta''_{sk}+\dfrac{\Delta\alpha_{sk}}{2}\right)\dfrac{B_j V^0(t_{pj}+273)}{273\times2\times A_k}$ 流速一般在$(0.45-0.55)w_y$ 范围内	

（2）上级空气预热器结构尺寸计算

表 10－28 上级空气预热器结构尺寸

序号	名 称	符号	单位	计 算 公 式	结果
1	布置			错列,交叉流、前后墙双面进风	
2	管子规格	$d\times\delta$	mm	查表 10－27	
3	横向节距	s_1	mm	查表 10－27	
4	纵向节距	s_2	mm	查表 10－27	
5	横向相对节距	σ_1		查表 10－27	
6	纵向相对节距	σ_2		查表 10－27	
7	烟道宽度	B_{yd}	m	查表 10－27	
8	烟道深度	L_{yd}	m	查表 10－27	
9	横向排数	n_1	排	查表 10－27	
10	管子根数	N	根	查表 10－27	
11	纵向排数	n_2	排	查表 10－27	

序号	名　　称	符号	单位	计算公式	结果
12	单面纵向深度	L_{zxd}	m	查表 10-27	
13	中间出风口宽度	L_{zj}	m	$L_{yd} - 2L_{zxd}$ （0.4～1.1 左右）	
14	管子高度	H_{sk}	m	查表 10-27	
15	对流受热面积	A_{sk}	m²	$N \times \pi \times d_{pj} \times H_{sk}$ $d_{pj} = \dfrac{d + d_n}{2}$	
16	单侧空气流通面积	A_k	m²	查表 10-27	
17	烟气流通面积	A_y	m²	$N\pi \dfrac{d_n^2}{4}$ 注：d_n 单位为 m	
18	烟气有效辐射层厚度	s	m	$0.9d_n$ 注：d_n 单位为 m	

（3）上级空气预热器结构尺寸简图

参见图 10-7。

（4）上级空气预热器热力计算

表 10-29　上级空气预热器热力计算

序号	名　　称	符号	单位	计算公式或数据来源	结果
一、已知参数					
1	进口烟温	ϑ'_{sk}	℃	即上级省煤器出口烟温 ϑ''_{ss}	
2	进口烟焓	H'_{ysk}	kJ/kg	即上级省煤器出口烟焓 H''_{yss}	
3	出口空气温度	t''_{sk}	℃	先估后校	
4	出口空气焓	I''_{sk}	kJ/kg	查烟气焓温表（表 10-5）	
二、空气吸热量及出口烟温计算					
5	进口空气温度	t'_{sk}	℃	先估后校	
6	进口空气焓	I'_{sk}	k/kg	查烟气焓温表（表 10-5）	
7	空气侧出口处过量空气系数	β''_{sk}		$\alpha''_l - \Delta\alpha_l - \Delta\alpha_{zf}$	
8	上级空气预热器对流吸热量	Q^d_{sk}	kJ/kg	$\left(\beta''_{sk} + \dfrac{\Delta\alpha_{sk}}{2}\right)(I''_{sk} - I'_{sk})$	

序号	名　　称	符号	单位	计算公式或数据来源	结果
9	空气平均温度	t_{pj}	℃	$(t'_{sk}+t''_{sk})/2$	
10	空气平均焓	I_{pj}	kJ/kg	查烟气焓温表(表10-5)	
11	出口烟焓	H''_{ysk}	kJ/kg	$H'_{ysk}-\dfrac{Q^d_{sk}}{\varphi}+\Delta\,\alpha_{sk}\,I_{pj}$	
12	出口烟温	ϑ''_{sk}	℃	查烟气焓温表(表10-5)	
三、上级空气预热器对流传热计算和校核					
13	烟气平均温度	ϑ_{pj}	℃	$(\vartheta'_{ysk}+\vartheta''_{ysk})/2$	
14	烟气流速	w_y	m/s	$\dfrac{B_j V_y(\vartheta_{pj}+273)}{A_y\times273}$ (流速范围10~14之间)	
15	烟气侧对流放热系数	α^d_{sk}	W/(m²·℃)	$\alpha_0\,C_l\,C_w$ 查附录C,图C-9	
16	烟气有效辐射层厚度	s	m	查表10-28	
17	烟气压力	P	MPa		(0.1)
18	水蒸气容积份额	r_{H2O}		查烟气特性表(表10-4)	
19	三原子气体和水蒸气容积份额	r_Σ		查烟气特性表(表10-4)	
20	三原子气体的辐射减弱系数	k_q	1/(m·MPa)	$10.2\Big(\dfrac{0.78+1.6\,r_{H2O}}{\sqrt{10.2r_\varepsilon PS}}-0.1\Big)\Big(1-0.37\dfrac{T_{pj}}{1\,000}\Big)$	
21	灰粒的辐射减弱系数	k_h	1/(m·MPa)	$\dfrac{55\,900}{\sqrt[3]{(\vartheta_{pj}+273)^2 d^2_h}}$ 注:d_h单位为μm	
22	烟气质量飞灰浓度	μ_y	kg/kg	查"烟气特性表10-4"	
23	烟气辐射减弱系数	k	1/(m·MPa)	$k_q r_\Sigma+k_h\mu_y$	
24	烟气黑度	a_y		$1-e^{-kPs}$	
25	管壁灰污层温度	t_{hbsk}	℃	$(t_{pj}+\vartheta_{pj})/2$	
26	烟气侧辐射放热系数	α^f_{sk}	W/(m²·℃)	$a_y\alpha_0$,查附录C,图C-11	
27	利用系数	ξ	—	查附录B,表B-5	

序号	名　　称	符号	单位	计算公式或数据来源	结果
28	烟气侧放热系数	α_1	W/(m²·℃)	$\xi(\alpha_{sk}^f + \alpha_{sk}^d)$	
29	空气流速	w_k	m/s	$\left(\beta_{sk}'' + \dfrac{\Delta\alpha_{sk}}{2}\right)\dfrac{B_j V^0(t_{pj}+273)}{273\times2\times A_k}$	
30	空气侧放热系数	α_2	W/(m²·℃)	$\alpha_0 C_z C_s C_w$ 查附录C,图C-8	
31	传热系数	K_{sk}	W/(m²·℃)	$\xi\dfrac{\alpha_1\alpha_2}{\alpha_1+\alpha_2}(\xi=0.8)$	
32	参数	P		$\dfrac{\tau_M}{\vartheta_{sk}'-t_{sk}'}$	
33	参数	R		$\dfrac{\tau_\sigma}{\tau_M}$	
34	转换系数	ψ		附录C,图C-12	
35	较小温差	Δt_d	℃	$\vartheta_{sk}'-t_{sk}''$	
36	较大温差	Δt_x	℃	$\vartheta_{sk}''-t_{sk}'$	
37	逆流温差	Δt_n	℃	$\dfrac{\Delta t_d-\Delta t_x}{\ln\dfrac{\Delta t_d}{\Delta t_x}}$	
38	传热温差	Δt_{sk}	℃	$\psi\Delta t_n$	
39	上级空预器对流传热量	Q_{sk}^{d2}	kJ/kg	$\dfrac{K_{sk}\Delta t_{sk}A_{sk}}{1\,000 B_j}$	
40	热空气温度	t_{rk}	℃	查设计任务书表	
41	误差		%	$\dfrac{Q_{sk}^d-Q_{sk}^{d2}}{Q_{sk}^d}\times100$(允许误差±2%)	
42	热空气温度误差	Δt_{rk}	℃	$t_{sk}''-t_{rk}<\mp40$	

注：参数 P、R 中 τ_M 表示烟温降低的数值和工质升温的数值中较小的一个,即 $(\vartheta'-\vartheta'')$ 与 $(t''_{sk}-t'_{sk})$ 中较小的一个;τ_σ 表示烟温降低的数值和工质升温的数值中较大的一个,及 $(\vartheta'_{sk}-\vartheta''_{sk})$ 与 $(t''_{sk}-t'_{sk})$ 中较大的一个。

3. 下级省煤器结构设计及热力计算

下级省煤器结构形式及布置方式与上级省煤器相同,因烟气进入下级省煤器时的温度降低,烟气体积减小,为保证进入下级省煤器的烟气流速,下级省煤器所在烟气流通断面可适当减小。结构图如图10-8所示。

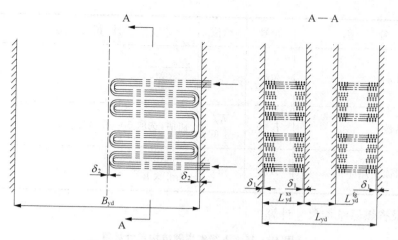

图 10-8　下级省煤器结构示意图(双管圈)

（1）下级省煤器受热面积预估

表 10-30　下级省煤器受热面积预估

序号	名　称	符号	单位	计　算　公　式	结果
1	下级省煤器水流量	D_{xs}	t/h	$D - D_{jw} + \dfrac{d_{pw}}{100}D$	
2	下级省煤器进口压力	p'_{xs}	MPa	锅炉给水压力,见任务书	
3	下级省煤器进口温度	t'_{xs}	℃	锅炉给水温度,见任务书	
4	下级省煤器出口压力	p''_{xs}	MPa	参见表 6-1	
5	下级省煤器出口温度	t''_{xs}	℃	等于上级省煤器进口温度 t'_{ss}	
6	下级省煤器进口水焓	h'_{xs}	kJ/kg	即给水焓 h_{gs}	
7	下级省煤器出口水焓	h''_{xs}	kJ/kg	等于上级省煤器进口水焓 h'_{ss}	
8	下级省煤器对流吸热量	Q^d_{xs}	kJ/kg	$D_{xs}(h''_{xs} - h'_{xs})/(3.6\,B_j)$	
9	进口烟温	ϑ'_{xs}	℃	即上级空气预热器出口烟温 ϑ''_{sk}	
10	进口烟焓	H'_{yxs}	kJ/kg	即上级空气预热器出口烟焓 H''_{ysk}	
11	出口烟焓	H''_{yxs}	kJ/kg	$H'_{yxs} - \dfrac{Q^d_{xs}}{\varphi} + \Delta\alpha H^0_{lk}$	
12	出口烟温	ϑ''_{xs}	℃	查烟气焓温表(表 10-5) 注意:$\vartheta''_{xs} \geqslant t_{gs} + 20\ ℃$	
13	较大温差	Δt_d	℃	$\vartheta'_{xs} - t''_{xs}$	
14	较小温差	Δt_x	℃	$\vartheta''_{xs} - t'_{xs}$	

序号	名　　称	符号	单位	计　算　公　式	结果
15	传热温差	Δt_{xs}^{g}	℃	$\dfrac{\Delta t_d - \Delta t_x}{\ln\dfrac{\Delta t_d}{\Delta t_x}}$	
16	传热系数	K_{xs}^{g}	W/(m²℃)	初估,选取 50～60 之间	
17	预估对流受热面积	A_{xs}^{g}	m²	$\dfrac{1\,000 B_j Q_{xs}^{d}}{\Delta t_{xs}^{g} \times K_{xs}^{g}}$	

（2）下级省煤器结构尺寸计算

表 10-31　下级省煤器结构尺寸计算

序号	名　　称	符号	单位	计算公式或数据来源	结果
1	布置			错列,逆流、两侧墙双面进水双管圈	
2	管子尺寸	$d \times \delta$	mm	选用	$(\phi 32 \times 4)$
3	烟道中间分隔深度	L_{yd}^{fg}	m	先估	
4	烟道深度	L_{yd}^{xs}	m	$= L_{yd}^{xs} = L_{yd} - L_{yd}^{fg}$	
5	横向节距	S_{1xs}	mm	由结构设计知	
6	横向节距比	σ_1		$s_{1xs}/d \approx 2$	
7	横向排数	n_{1xs}	排	$(L_{yd}^{xs} - 2\delta_1 - d)/s_{1xs} + 1$ $\delta_1 = 0.05$ m	
8	错列横向排数	n_{1cxs}	排	$n_{1xs} - 1$	
9	管圈数	Z_1	圈	双管圈	2
10	水流通截面积	A_{lt}	m²	$2Z_1(n_{1xs} + n_{1cxs}) \times \pi d_n^2/4$	
11	下级省煤器水流量	D_{xs}	t/h	查表 10-30	
12	水质量流速	ρw_{xs}	kg/(m²·s)	$\dfrac{D_{xs}}{3.6 \times A_{lt}}$（400～500 之间）	
13	烟气最小流通面积	A_y	m²	$B_{yd} \times L_{yd}^{xs} - d \times (B_{yd} - 4 \times \delta_2)n_{1xs}$ $\delta_2 = 0.05$ m	
14	烟气流速	w_y	m/s	$\dfrac{B_j V_y(v_{pj} + 273)}{A_y \times 273}$（7～9 之间）	
15	单根管纵向排数	n_{2xs}	排	假定（双数）	

序号	名　　称	符号	单位	计算公式或数据来源	结果
16	单根管纵向弯头数	n_{ut}	个	$n_{ut} = n_{2xs} - 1$ 内弯头：$n_{ut}^n = \dfrac{n_{ut}}{2} - 0.5$ 外弯头：$n_{ut}^w = \dfrac{n_{ut}}{2} + 0.5$	
17	管子弯曲半径(双管圈)	R_1	mm	$R_1 \geqslant 1.5 \sim 2.0\, d$	
		R_2	mm	$R_2 = R_1 + d$	
18	纵向(平均)节距	s_2^{pj}	mm	$\dfrac{2(n_{ut}^w R_2 + n_{ut}^n R_1)}{(2\,n_{2xs} - 1)}$	
19	纵向节距比	σ_2		$\dfrac{s_2^{pj}}{d}$	
20	管束深度	L_{gxs}	m	$(Z_1 n_{2xs} - 1) \times s_2^{pj} + d$	
21	直管段长度	h_{lt}	m	$\dfrac{B_{yd}}{2} - 2\,\delta_2 - 2\,R_2$ $(\delta_2 = 0.05\text{ m})$	
22	每根管子(平均)长度	l_{dg}		$n_{2ss} h_{lt} + \dfrac{n_{ut}(R_1 + R_2)\pi}{2} + 2R_2 + 0.2$ $R = (R_1 + R_2)/2$，单位为 m	
23	下级省煤器布置传热面积	A_{xs}^{bz}	m²	$2 Z_1(n_{1cxs} + n_{1xs})\pi d\, l_{dg}$ 注：d 单位为 m	
24	误差	ΔA	%	$100(A_{xs}^g - A_{xs}^{bz}) / A_{xs}^{bz}$ (误差≤±2%)	
25	有效辐射层厚度	s	m	$0.9d\left(\dfrac{4\,\sigma_1\,\sigma_2}{\pi} - 1\right)$ 注：d 单位为 m	
26	管束前气室高度	L_{qxs}	m	$0.8 \sim 1$	
27	管束高度	L_{gxs}	m	$2R(n_{2xs} - 1 + R + d)$	
28	管束布置高度	L_{gxs}^{bz}	m	若 $L_{gxs} > 1$ 分成两段，中间留出 0.8 m $L_{gxs}^{bz} = L_{gxs} + 0.8$	

（3）下级省煤器结构尺寸简图

参见图 10-8。

（4）下级省煤器热力计算

表 10 - 32　下级省煤器热力计算

序号	名　　称	符号	单位	计　算　公　式	结果
一、下级省煤器对流吸热量计算					
1	进口烟温	ϑ'_{xs}	℃	等于上级空气预热器出口烟温	
2	进口烟焓	H'_{yxs}	kJ/kg	等于上级空气预热器出口烟焓	
3	出口烟温	ϑ''_{xs}	℃	先估后校	
4	出口烟焓	H''_{yxs}	kJ/kg	查烟气焓温表 10 - 5	
5	下级省煤器对流吸热量	Q^d_{xs}	kJ/kg	$\varphi(H'_{yxs}-H''_{yxs}+\Delta\alpha H^0_{lk})$	
6	下级省煤器水流量	D_{xs}	t/h	查表 10 - 30	
7	下级省煤器进口水温	t'_{xs}	℃	即给水温度	
8	下级省煤器进口水焓	h'_{xs}	kJ/kg	即给水焓 h_{gs}	
9	下级省煤器出口水焓	h''_{xs}	kJ/kg	$Q^d_{xs}\cdot\dfrac{3.6\,B_j}{D_{xs}}+h'_{xs}$	
10	下级省煤器出口水温	t''_{xs}	℃	查水蒸气性质表,P 按表 6 - 1	
二、下级省煤器对流传热量计算及校核					
11	烟气均温	ϑ_{pj}	℃	$(\vartheta'_{xs}+\vartheta''_{xs})/2$	
12	平均水温	t_{pj}	℃	$(t'_{xs}+t''_{xs})/2$	
13	烟气流速	w_y	m/s	$\dfrac{B_jV_y(\vartheta_{pj}+273)}{A_y\times273}$ （流速范围 7—13 之间）	
14	烟气侧对流放热系数	α^d_{xs}	W/(m²·℃)	$\alpha_0\,C_z\,C_s\,C_w$ 查附录C,图 C-8	
15	烟气有效辐射层厚度	s	m	查表 10 - 31	
16	烟气压力	P	MPa		(0.1)
17	水蒸气容积份额	r_{H2O}		查烟气特性表（表 10 - 4）	
18	三原子气体和水蒸气容积份额	r_Σ		查烟气特性表（表 10 - 4）	
19	三原子气体的辐射减弱系数	k_q	1/(m·MPa)	$10.2\left(\dfrac{0.78+1.6\,r_{H2O}}{\sqrt{10.2r_\varepsilon PS}}-0.1\right)\left(1-0.37\dfrac{T_{pj}}{1\,000}\right)$	

序号	名　　称	符号	单位	计　算　公　式	结果
20	灰粒的辐射减弱系数	k_h	$1/(\text{m} \cdot \text{MPa})$	$\dfrac{55\,900}{\sqrt[3]{(\vartheta_{pj}+273)^2 d_h^2}}$ 注：d_h 单位为 μm	
21	烟气质量飞灰浓度	μ_y	kg/kg	查烟气特性表（表10-4）	
22	烟气辐射减弱系数	k	$1/(\text{m} \cdot \text{MPa})$	$k_q r_{\textstyle\sum} + k_h \mu_y$	
23	烟气黑度	a_y		$1 - e^{-kPs}$	
24	管壁灰污层温度	t_{hbxs}	℃	$t_{pj} + 25$	
25	烟气侧辐射放热系数	α_{xs}^f	$\text{W}/(\text{m}^2 \cdot \text{℃})$	$a_y \alpha_0$，查附录C，图C-11	
26	修正后辐射放热系数	α_{xs}^{fl}	$\text{W}/(\text{m}^2 \cdot \text{℃})$	$\alpha_{ss}^f \left[1 + 0.4\left(\dfrac{\vartheta_{pj}+273}{1\,000}\right)^{0.25}\left(\dfrac{l_{qxs}}{l_{gxs}}\right)^{0.07}\right]$	
27	利用系数	ξ	—	ξ 取 1.0	
28	烟气侧放热系数	α_{xs1}	$\text{W}/(\text{m}^2 \cdot \text{℃})$	$\xi(\alpha_{xs}^d + \alpha_{xs}^{fl})$	
29	污染系数	ε	—	$\varepsilon_0 C_{sf} C_d + \Delta\varepsilon$ [其中 C_{sf} 为修正系数,对煤取1；ε_0、C_d 查附录C-13(a)、(b)，$\Delta\varepsilon$ 查附录B,B-2]	
30	传热系数	K_{xs}	$\text{W}/(\text{m}^2 \cdot \text{℃})$	$\dfrac{\alpha_{xs1}}{1 + \varepsilon\,\alpha_{xs1}}$	
31	传热温差	Δt_{xs}	℃	$\dfrac{\Delta t_d - \Delta t_x}{\ln\dfrac{\Delta t_d}{\Delta t_x}}$ （其中：$\Delta t_d = \vartheta_{xs}' - t_{xs}''$，$\Delta t_x = \vartheta_{xs}'' - t_{xs}'$）	
32	下级省煤器对流传热量	Q_{xs}^{d2}	kJ/kg	$\dfrac{K_{xs}\,\Delta t_{xs}\,A_{xs}^{bz}}{1\,000\,B_j}$	
33	误差		％	$\dfrac{Q_{xs}^d - Q_{xs}^{d2}}{Q_{xs}^d} \times 100$（允许误差±2％）	
34	上级省煤器进口水温	t_{ss}'	℃	查上级省煤器热力计算表	
35	误差	Δt	℃	$t_{xs}'' - t_{ss}'$ 允许计算误差在±10 ℃	

4. 下级空气预热器结构设计及热力计算

下级空气预热器为管式空气预热器,布置在尾部烟道中的下级省煤器的下方,采用前后墙双面进风方式,错列、多通道逆流布置。通道数可根据结构设计和设计参数确定。下级空气预热器结构图如图10-9所示。

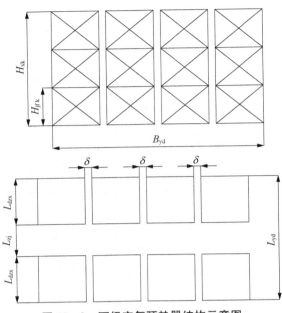

图 10 - 9 下级空气预热器结构示意图

（1）下级空气预热器结构设计

表 10 - 33 下级空气预热器结构设计

序号	名　称	符号	单位	计　算　公　式	结果
1	布置			错列,交叉逆流、前后墙双面进风	
2	下空进口风温	t'_{xk}	℃	取用 t_{lk}	
3	下空进口风焓	I'_{xk}	kJ/kg	查烟气焓温表(表 10 - 5)	
4	下空出口风温	t''_{xk}	℃	等于上级空预器进口风温 t'_{sk}(单级 t_{rk})	
5	下空出口风焓	I''_{xk}	kJ/kg	查烟气焓温表(表 10 - 5)	
6	平均风温	t_{pj}	℃	$(t'_{xk}+t''_{xk})/2$	
7	平均风焓	I_{pj}	kJ/kg	查烟气焓温表(表 10 - 5)	
8	下空出口空气系数	β''_{xk}		$\beta''_{xk}=\beta'_{sk}=\beta''_{sk}+\Delta\alpha_{sk}$	
9	下空对流吸热量	Q^d_{xk}	kJ/kg	$\left(\beta''_{xk}+\dfrac{\Delta\alpha_{xk}}{2}\right)(I''_{xk}-I'_{xk})$	
10	下空进口烟温	ϑ'_{xk}	℃	等于下级省煤器出口烟温 ϑ''_{xs}	
11	下空进口烟焓	H'_{yxk}	kJ/kg	等于下级省煤器出口烟焓 H''_{yxs}	
12	下空出口烟焓	H''_{yxk}	kJ/kg	$H'_{yxk}-\dfrac{Q^d_{xk}}{\varphi}+\Delta\alpha_{xk}I_{pj}$	

序号	名　　称	符号	单位	计　算　公　式	结果
13	下空出口烟温	ϑ''_{xk}	℃	查烟气焓温表（表10-5）	
14	逆流温差	Δt_n	℃	$\dfrac{\Delta t_d - \Delta t_x}{\ln \dfrac{\Delta t_d}{\Delta t_x}}$	
15	参数	P		$\dfrac{\tau_M}{\vartheta'_{xk} - t'_{xk}}$	
16	参数	R		$\dfrac{\tau_\sigma}{\tau_M}$	
17	转换系数	ψ		附录C,图C-12	
18	传热温差	Δt_{xk}	℃	$\Delta t_{xk} = \psi \Delta t_n$	
19	传热系数	K^{jd}_{xk}	W/(m²·℃)	假定，$K = 20-30$	
20	下空受热面积预估	A^g_{xk}	m²	$\dfrac{1\,000 B_j Q^d_{xk}}{K^{jd}_{xk} \cdot \Delta t_{xk}}$	
21	管子规格	$d \times \delta$	mm	选用	$(\phi 40 \times 1.5)$
22	横向节距	s_1	mm	查表7-2	
23	纵向节距	s_2	mm	查表7-2	
24	横向相对节距	σ_1		$s_1/d(\sigma_1 = 1.5-1.75)$	
25	纵向相对节距	σ_2		$s_2/d(\sigma_2 = 1-1.25)$	
26	烟道宽度	B_{yd}	m		
27	烟道深度	L_{yd}	m	参考表10-31	
28	横向总排数	n_1	根	$\approx \left(1 + \dfrac{0.95 B_{yd}}{S_1}\right) \times 2$	
29	平均烟温	ϑ_{pj}	℃	$(\vartheta'_{xk} + \vartheta''_{xk})/2$	
30	烟气流速	w_y	m/s	选取10~14之间，偏小值	
31	管子根数	N	根	$\dfrac{B_j V_y}{0.785 w_y d^2_n} \cdot \dfrac{(\vartheta_{pj} + 273)}{273}$	
32	单侧纵向排数	n_2	根	N/n_1	
33	单侧纵向深度	L_{dzx}	m	$(n_2+1)s_2/1\,000$	
34	管子高度	H_{xk}	m	$\dfrac{A^g_{xk}}{N\pi d_{pj}}\left(其中：d_{pj} = \dfrac{d + d_n}{2}\right)$	

序号	名　　称	符号	单位	计 算 公 式	结果
35	行程数	n_{xk}		先估后校(整数)	
36	单侧进风口高度	H_{jfk}	m	H_{xk}/n_{xk}	
37	单侧空气流通面积	A_k	m²	$B_{yd}H_{jfk}-n_1dH_{jfk}/2$	
38	空气流速	w_k	m/s	$\left(\beta''_{xk}+\dfrac{\Delta\alpha_{xk}}{2}\right)\dfrac{B_jV^0(t_{pj}+273)}{273\times2\times A_k}$ 流速一般在 $(0.45-0.55)w_y$ 范围内	

(2)下级空气预热器结构尺寸

表 10 - 34　下级空气预热器结构尺寸

序号	名　　称	符号	单位	计 算 公 式	结果
1	布置			错列,交叉逆流、前后墙双面进风	
2	管子规格	$d\times\delta$	mm	查表 10 - 33	
3	横向节距	s_1	mm	查表 10 - 33	
4	纵向节距	s_2	mm	查表 10 - 33	
5	横向相对节距	σ_1		查表 10 - 33	
6	纵向相对节距	σ_2		查表 10 - 33	
7	烟道宽度	B_{yd}	m	查表 10 - 33	
8	烟道深度	L_{yd}	m	查表 10 - 33	
9	横向排数	n_1	根	查表 10 - 33	
10	管子根数	N	根	查表 10 - 33	
11	纵向排数	n_2	根	查表 10 - 33	
12	单侧纵向深度	L_{dzx}	m	查表 10 - 33	
13	中间风道宽度	L_{zj}	m	$L_{yd}-2L_{dzx}$ (一般在 0.4～1.1)	
14	管箱高度	H_{xk}	m	查表 10 - 33	
14	风道高度	H_{jfk}	m	查表 10 - 33	
15	布置的对流受热面积	A_{xk}^{bz}	m²	$N\times\pi\times d_{pj}\times H_{xk}$	
16	单侧空气流通面积	A_k	m²	查表 10 - 33	
17	烟气流通面积	A_y	m²	$N\pi\dfrac{d_n^2}{4}$ 注:d_n 单位为 m	

序号	名　称	符号	单位	计　算　公　式	结果
18	行程数	n_{xk}		查表 10-33	
19	烟气有效辐射层厚度	s	m	$0.9d_n$ 注：d_n 单位为 m	

（3）下级空气预热器结构尺寸简图

参见图 10-9。

（4）下级空气预热器热力计算

表 10-35　下级空气预热器热力计算

序号	名　称	符号	单位	计算公式或数据来源	结果
一、已知参数					
1	烟气进口温度	ϑ'_{xk}	℃	即下级省煤器出口烟温 ϑ''_{xs}	
2	烟气进口焓	H'_{yxk}	kJ/kg	即下级省煤器出口烟焓 H''_{yxs}	
3	空气进口温度	t'_{xk}	℃	取用 t_{lk}	
4	空气进口焓	I'_{xk}	kJ/kg	查烟气焓温表（表 10-5）	
5	下空空气侧出口空气系数	β''_{xk}		查表 10-33	
二、空气吸热量及出口烟温计算					
6	出口空气温度	t''_{xk}	℃	上空进口	
7	出口空气焓	I''_{sk}	kJ/kg	查烟气焓温表（表 10-5）	
8	下级空气预热器对流吸热量	Q^d_{xk}	kJ/kg	$\left(\beta''_{xk}+\dfrac{\Delta\alpha_{xk}}{2}\right)(I''_{xk}-I'_{xk})$	
9	空气平均温度	t_{pj}	℃	$(t'_{xk}+t''_{xk})/2$	
10	空气平均焓	I_{pj}	kJ/kg	查烟气焓温表（表 10-5）	
11	出口烟气焓	H''_{yxk}	kJ/kg	$H'_{yxk}-\dfrac{Q^d_{xk}}{\varphi}+\Delta\alpha_{xk}I_{pj}$	
12	出口烟温	ϑ''_{xk}	℃	查烟气焓温表（表 10-5）	
三、上级空气预热器对流传热计算和校核					
13	烟气平均温度	ϑ_{pj}	℃	$(\vartheta'_{xk}+\vartheta''_{xk})/2$	
14	烟气流速	w_y	m/s	$\dfrac{B_j V_y(\vartheta_{pj}+273)}{A_y\times273}$ （流速范围 10~14 之间）	

序号	名　　称	符号	单位	计算公式或数据来源	结果
15	烟气侧对流放热系数	α_{xk}^d	W/(m²·℃)	$\alpha_0 \, C_l \, C_w$ 查附录 C,图 C-9	
16	烟气有效辐射层厚度	s	m	查下空结构尺寸表	
17	烟气压力	P	MPa		(0.1)
18	水蒸气容积份额	r_{H2O}		查烟气特性表(表 10-4)	
19	三原子气体和水蒸气容积份额	r_Σ		查烟气特性表(表 10-4)	
20	三原子气体的辐射减弱系数	k_q	1/(m·MPa)	$10.2 \times \left(\dfrac{0.78 + 1.6\, r_{H2O}}{\sqrt{10.2\, r_\Sigma P s}} - 0.1 \right) \left(1 - 0.37 \dfrac{T_{pj}}{1\,000} \right)$	
21	灰粒的辐射减弱系数	k_h	1/(m·MPa)	$\dfrac{55\,900}{\sqrt[3]{(\vartheta_{pj}+273)^2 d_h^2}}$ 注: d_h 单位为 μm	
22	烟气质量飞灰浓度	μ_y	kg/kg	查烟气特性表(表 10-4)	
23	烟气辐射减弱系数	k	1/(m·MPa)	$k_q r_\Sigma + k_h \mu_y$	
24	烟气黑度	a_y		$1 - e^{-kPs}$	
25	管壁灰污层温度	$t_{hb.xk}$	℃	$(t_{pj} + \vartheta_{pj})/2$	
26	烟气侧辐射放热系数	α_{xk}^f	W/(m²·℃)	$a_y \alpha_0$,查附录 C,C-11	
27	利用系数	ξ	—	查附录 B,表 B-5	
28	烟气侧放热系数	α_1	W/(m²·℃)	$\xi(\alpha_{xk}^f + \alpha_{xk}^d)$	
29	空气流速	w_k	m/s	$\left(\beta_{xk}' + \dfrac{\Delta \alpha_{xk}}{2} \right) \left(\dfrac{B_j V_0}{2 A_k} \right) \left(\dfrac{t_{pj}+273}{273} \right)$	
30	空气侧放热系数	α_2	W/(m²·℃)	$\alpha_0 \, C_z \, C_s \, C_w$ 查附录 C,图 C-8	
31	传热系数	K_{xk}	W/(m²·℃)	$\xi \dfrac{\alpha_1 \alpha_2}{\alpha_1 + \alpha_2}$	
32	转换系数	ψ		附录 C,图 C-12	
33	较小温差	Δt_d	℃	$\vartheta_{xk}' - t_{xk}''$	
34	较大温差	Δt_x	℃	$\vartheta_{xk}'' - t_{xk}'$	

序号	名　　称	符号	单位	计算公式或数据来源	结果
35	逆流温差	Δt_n	℃	$\dfrac{\Delta t_d - \Delta t_x}{\ln \dfrac{\Delta t_d}{\Delta t_x}}$	
36	传热温差	Δt_{sk}	℃	$\psi \Delta t_n$	
37	下级空预器对流传热量	Q_{sk}^{d2}	kJ/kg	$\dfrac{K_{xk} \cdot \Delta t_{xk} \cdot A_{xk}}{1\,000\,B_j}$	
38	误差		%	$\dfrac{Q_{xk}^{d} - Q_{xk}^{d2}}{Q_{xk}^{d}} \times 100$（允许误差±2%）	

第十二节　锅炉热力计算误差检查

1. 尾部受热面热力计算误差检查

表 10 - 36　尾部受热面计算误差检查

序号	名　　称	符号	单位	公　　式	结果
1	下级省煤器出口水温	t''_{xs}	℃	查表 10 - 32	
2	上级省煤器进口水温	t'_{ss}	℃	查表 10 - 26	
3	计算误差	Δt_{sm}	℃	允许计算误差为±10 ℃	
4	下级空气预热器出口风温	t''_{xk}	℃	查表 10 - 35	
5	上级空气预热器进口风温	t'_{sk}	℃	查表 10 - 29	
6	计算误差	Δt_{ky}	℃	允许计算误差为±10 ℃	

注：如果省煤器和空气预热器计算误差超过允许值，尾部受热面应重算。

2. 锅炉整体热力计算误差检查

表 10 - 37　锅炉整体热力计算误差检查

序号	名　　称	符号	单位	公　　式	结果
1	假定的热风温度	t_{rk}	℃	查表 10 - 12	
2	上级空气预热器出口风温	t''_{sk}	℃	查表 10 - 29	
3	计算误差	Δt_{rk}	℃	允许计算误差为±40 ℃	
4	假定的排烟温度	ϑ_{py}	℃	查表 10 - 6	

序号	名　　称	符号	单位	公　　式	结果
5	计算得到的排烟温度	ϑ''_{xk}	℃	查表 10-35	
6	计算误差	$\Delta\vartheta_{py}$	℃	允许计算误差为 ±10 ℃	
7	炉膛有效辐射热量	Q^f_l	kJ/kg	查表 10-12	
8	屏区受热面总对流吸热量	Q^d_{pq}	kJ/kg	查表 10-15	
9	悬吊管区域对流吸热量	Q^d_{nz}	kJ/kg	查表 10-16	
10	高温过热器区域对流吸热量	Q^d_{ggq}	kJ/kg	查表 10-19	
11	低温过热器区域对流吸热量	Q^d_{dg}	kJ/kg	查表 10-22	
12	高温省煤器区域对流吸热量	Q^d_{ss}	kJ/kg	查表 10-26	
13	低温省煤器区域对流吸热量	Q^d_{xs}	kJ/kg	查表 10-32	
14	总有效吸热量	$\sum Q$	kJ/kg	$Q^f_l + Q^d_{pq} + Q^d_{nz} + Q^d_{ggq} + Q^d_{dg} + Q^d_{ss} + Q^d_{xs}$ $+ Q^f_{pj''}$	
15	燃料带入热量	Q_r	kJ/kg	查表 10-6	
16	锅炉热效率	η	%	查表 10-6	
17	机械未完全燃烧热损失	q_4	%	查表 10-6	
18	热平衡计算误差	ΔQ	kJ/kg	$Q_r \cdot \dfrac{\eta}{100} - \sum Q\left(1-\dfrac{q_4}{100}\right)$	
19	计算相对误差		%	$(\Delta Q/Q_r)\times 100$	

注：① 如果热风温度误差超过允许值，须将计算值代回炉膛重新计算。
　　② 如果排烟温度误差超过允许值，须将计算值代回热平衡重新计算。
　　③ 如果热平衡误差超过允许值，须将热风温度、排烟温度计算值代回热平衡重新计算。

第十三节　锅炉热力计算汇总

表 10-38　热力计算汇总表

名　称	符号	单位	炉膛	后屏过热器	悬吊管	高温过热器冷段	高温过热器热段	低温过热器	上级省煤器	上级空气预热器	下级省煤器	下级空气预热器
管径	$d\times\delta$	mm										
受热面积	H	m²										
进口烟温	ϑ'	℃										

名　　称	符号	单位	炉膛	后屏过热器	悬吊管	高温过热器冷段	高温过热器热段	低温过热器	上级省煤器	上级空气预热器	下级省煤器	下级空气预热器
出口烟温	ϑ''	℃										
介质进口温度	t'	℃										
介质出口温度	t''	℃										
烟气流速	w_y	m/s										
介质质量流速	ρw	kg/(m²·s)										
介质流速	ω	m/s										
传热系数	K	W/(m²·℃)										
传热温差	Δt	℃										
吸热量	Q	kJ/kg										
附加热量	Q^{fj}	kJ/kg										
热量占比		%	汽化热占比			过热热占比)			（预热热占比）			

第十四节　锅炉总图的绘制

1. 锅炉本体总图（纵剖面图）
2. 锅炉汽水流程
3. 图标格式

能源与动力(环境)专业锅炉原理课程设计			
(题目)***t/h 高压煤粉锅炉课程设计			
班级		图号	
姓名	图名	比例	
指导教师		完成日期	

第十一章 设计计算及校核热力计算方框图汇总

锅炉设计及热力计算首先进行燃料燃烧计算和锅炉机组的热平衡计算,然后按烟气流经路线一次进行各受热面的结构设计及传热计算。各计算方法如图

一、热力计算整体方框图

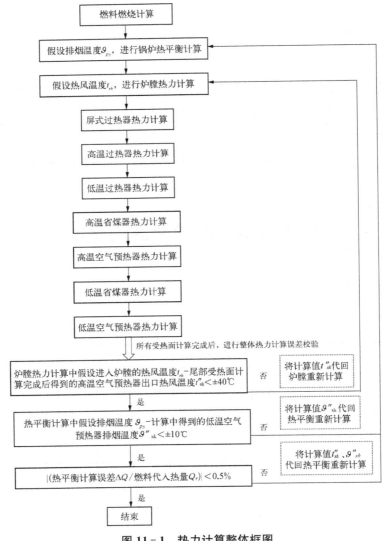

图 11-1 热力计算整体框图

二、燃料燃烧计算方框图

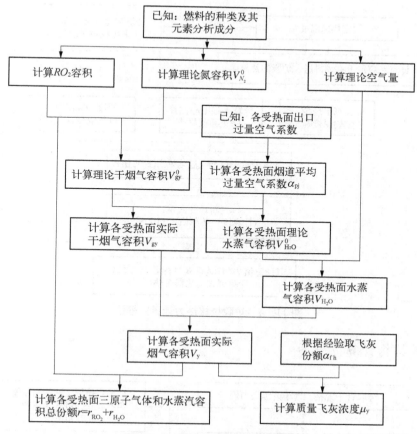

图 11-2 燃料燃烧计算方框图

三、锅炉热平衡及燃料消耗量计算方框图

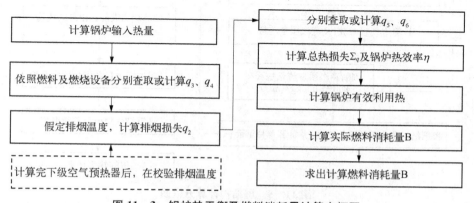

图 11-3 锅炉热平衡及燃料消耗量计算方框图

四、炉膛校核热力计算方框图

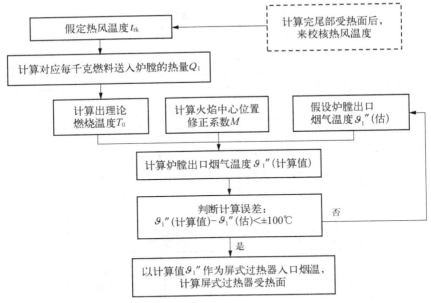

图 11-4 炉膛校核热力计算方框图

五、屏结构计算方框图

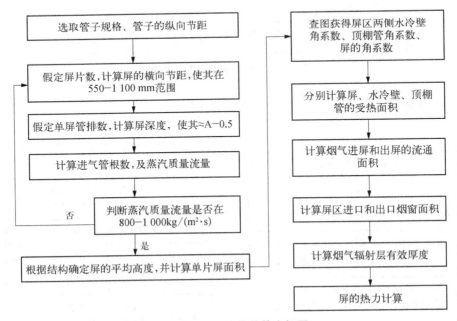

图 11-5 屏结构计算方框图

六、屏的热力计算方框图

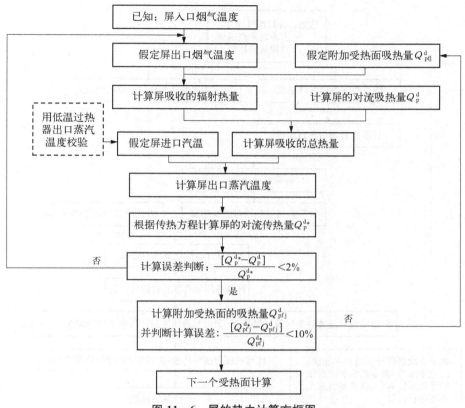

图 11 - 6 屏的热力计算方框图

七、高温过热器结构设计计算方框图

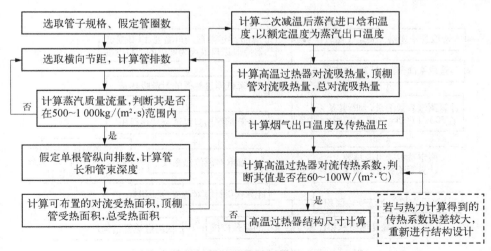

图 11 - 7 高温过热器结构设计计算方框图

八、高温过热器热力计算方框图

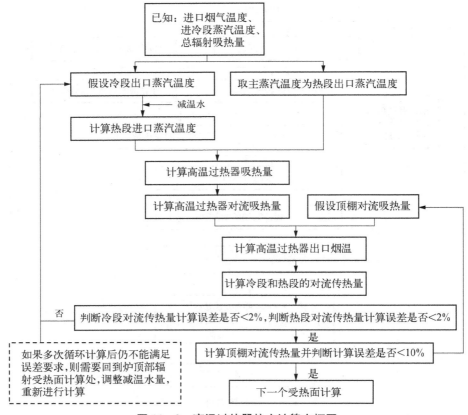

图 11 - 9　高温过热器热力计算方框图

九、低温过热器结构设计计算方框图

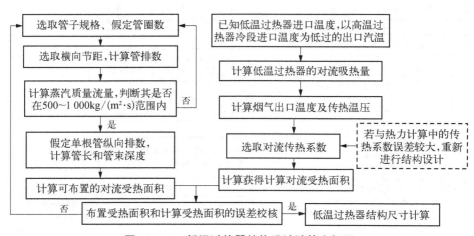

图 11 - 10　低温过热器结构设计计算方框图

九、低温对流过热器的热力计算方框图

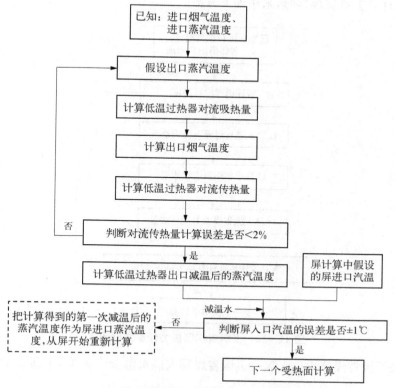

图 11-11　低温过热器热力计算方框图

十、上级省煤器结构尺寸计算方框图

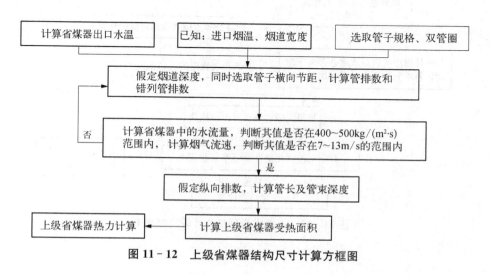

图 11-12　上级省煤器结构尺寸计算方框图

十一、上级省煤器热力计算方框图

（1）首次计算上级省煤器时，采用如下方案。

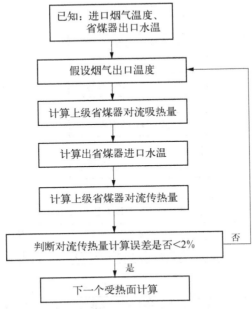

图 11 - 12　上级省煤器热力计算方框图 A

（2）如果下级省煤器出口水温—上级省煤器入口水温≥±10℃，重新采用下图方案。

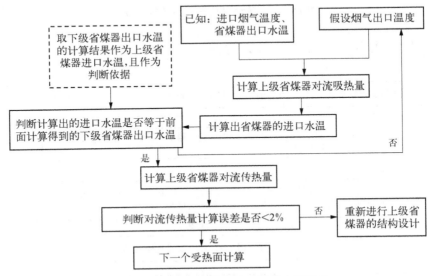

图 11 - 13　上级省煤器热力计算方框图 B

十二、上级空气预热器结构尺寸计算方框图

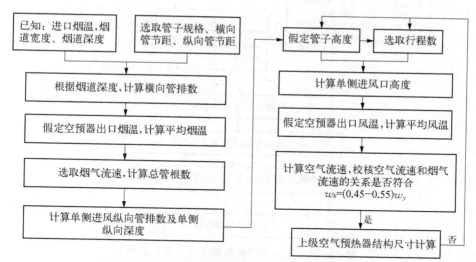

图 11-14　上级空气预热器结构设计计算方框图

十三、上级空气预热器热力计算方框图

（1）首次计算到上级空气预热器时，采用图 11-15 所示 A 方案。

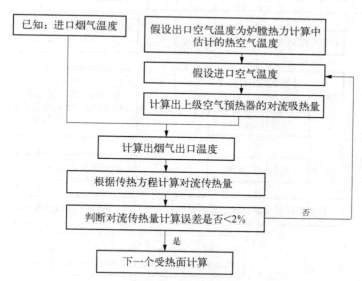

图 11-15　上级空气预热器热力计算方框图 A

（2）如果计算完下级空气预热器后，下级空气预热器出口空气温度—上级空气预热器进口空气温度 $> \pm 10$ ℃，重算时采用图 11-16 所示 B 方案。

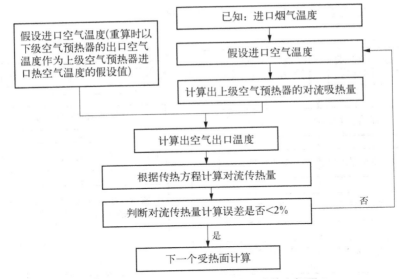

图 11-16 上级空气预热器热力计算方框图 B

十四、下级省煤器结构设计计算方框图

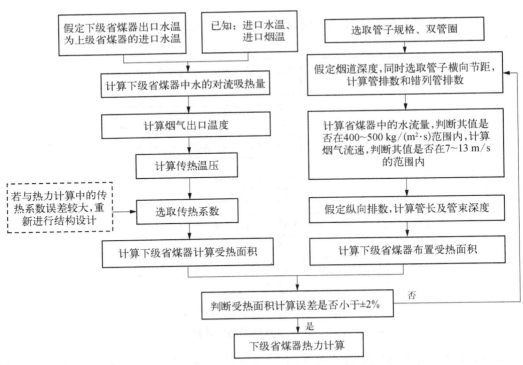

图 11-17 下级省煤器结构设计尺寸计算方框图

十五、下级省煤器热力计算方框图

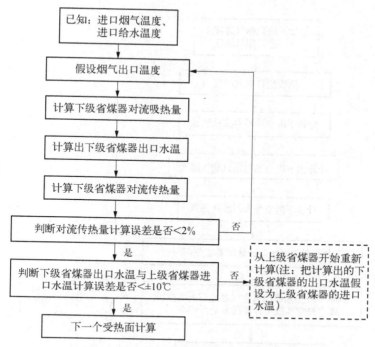

图 11-18 下级省煤器热力计算方框图

十五、下级空气预热结构设计计算方框图

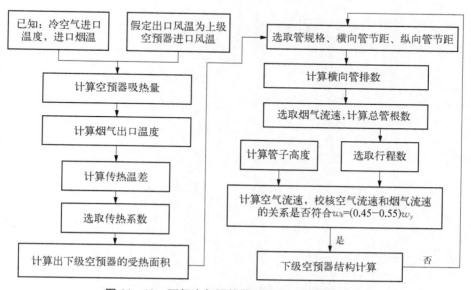

图 11-19 下级空气预热器结构设计计算方框图

十六、下级空气预热热力计算方框图

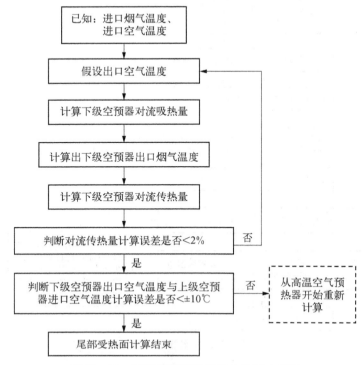

图 11 - 20　下级空气预热器热力计算方框图

附录 A 部分锅炉动力煤煤质分析数据

表 A-1 煤质分析数据

煤种序号	收到基元素分析(%)							收到基低位发热量 Q_{dw} (MJ/kg)	干燥无灰基 V_{daf} (%)	空气干燥基水分 M_{ad} (%)	可磨系数 K_{km}	煤灰熔融性		
	碳 C_{ar}	氢 H_{ar}	氧 O_{ar}	氮 N_{ar}	硫 S_{ar}	水分 M_{ar}	灰分 A_{ar}					变形 t_1 (℃)	软化 t_2 (℃)	熔化 t_3 (℃)
1	52.11	2.01	5.53	0.69	1.26	10	28.4	19	26.2	3.8	1.3	1 138	1 170	1 259
2	51.16	3.01	7.9	1.04	1.19	7	28.7	19.51	30.73	1.15	1.1	1 025	1 440	>1 500
3	65.77	2.96	3.1	0.94	0.34	6.56	20.33	24.769	12.28	1.59	1.35	1 400	1 500	1 500
4	55.43	3.09	4.13	1.34	0.34	7.93	27.74	21.27	20.19	1.71	1.3	>1 500	>1 500	>1 500
5	50.74	2.9	4.54	0.85	0.45	7.74	32.78	19.19	23.2		1.316	>1 500	>1 500	>1 500
6	59.4	3.92	7.4	0.9	0.63	9.4	18.35	23.195	32.3		1.2	1 180	1 215	1 300
7	69.09	2.78	2.62	1.13	0.38	8	16	25.81	10.27	1.51	1.32	1 300	1 480	1 500
8	52.88	3.2	4.74	1.06	0.34	11.26	26.52	20.44	33.14	1.63	1.48	1 185	1 280	1 325
9	54.95	2.62	6.83	0.36	1.67	6.87	26.7	20.81	26.05	2.15	1.25	1 170	1 220	1 270
10	63.61	3.48	8.57	0.67	0.66	9.52	13.49	24	30.4	4.5	1.25	1 130	1 185	1 215
11	51.28	3.5	7.9	1	1.1	10.42	24.8	19.98	38	3.17	1.26	1 185	1 250	>1 305

续表

煤种序号	收到基元素分析(%)							收到基低位发热量 Q_{dw} (MJ/kg)	干燥无灰基 V_{daf} (%)	空气干燥基水分 M_{ad} (%)	可磨系数 K_{km}	煤灰熔融性		
	碳 C_{ar}	氢 H_{ar}	氧 O_{ar}	氮 N_{ar}	硫 S_{ar}	水分 M_{ar}	灰分 A_{ar}					变形 t_1 (℃)	软化 t_2 (℃)	熔化 t_3 (℃)
12	67.87	1.73	1.95	0.43	0.22	5	22.8	24.04	6	0.8	1.1	1 260	1 370	1 430
13	69.01	2.89	2.36	0.98	0.76	5	19	26.4	9	1.5	1	1 400	>1 500	>1 500
14	67.55	2.64	1.78	0.89	1.37	6.03	19.74	24.92	15	1	1.6	1 190	1 340	1 450
15	48.34	3.29	8.63	0.81	0.98	15	22.95	18.645	41	3.1	1.6	1 230	1 280	1 340
16	61.7	3.67	8.56	1.12	0.6	15.55	8.8	23.442	34.73	8.4	1.3		1 150	1 190
17	62.96	4.13	6.73	1.46	1.22	10	13.5	24.72	37	2	1.6	1 100	1 380	1 450
18	60.82	4.01	7.65	1.11	0.67	6	19.74	24.3	38	2.3	1.3	1 500	>1 500	
19	57.33	3.62	9.94	0.7	0.41	13	15	21.805	33.64		1.28	>1 500	>1 500	>1 500
20	54.76	3.55	4.69	0.98	1.08	7.5	27.44	20.92	32.75	2.1	哈氏可磨系数70	1 294	1 349	1 373
21	57.48	2.25	2.15	0.57	1.08	10	26.47	21.4	26.47	0.77	哈氏可磨系数70	1 290	1 310	1 360
22	58.9	3.76	4.17	0.97	0.55	5.2	26.45	22.625	24.6	1.4	1.5	1 260	>1 500	
23	51.57	2.87	3.35	1.14	1.13	10.3	29.64	19.3	27.3	2.23	哈氏可磨系数74	1 130	1 210	1 280
24	61.92	2.4	1.56	0.99	3.82	6.5	22.81	23.09	13.3	0.7	1.3	1 220	1 300	1 390
25	52.2	2.73	2.15	0.89	2	8.7	31.33	20.54	17.96	1.06	1.4	1 420	1 430	1 450
26	66.52	3.07	1.67	1.06	0.19	8.3	19.19	24.84	14.16	0.92	0.5	1 390	1 400	1 420

续　表

煤种序号	收到基元素分析(%)							收到基低位发热量 Q_{dw} (MJ/kg)	干燥无灰基 V_{daf} (%)	空气干燥基水分 M_{ad} (%)	可磨系数 K_{km}	煤灰熔融性		
	碳 C_{ar}	氢 H_{ar}	氧 O_{ar}	氮 N_{ar}	硫 S_{ar}	水分 M_{ar}	灰分 A_{ar}					变形 t_1 (℃)	软化 t_2 (℃)	熔化 t_3 (℃)
27	43.5	3.1	6.4	0.7	0.7	8	37.6	17.167	33		2.25	1 500	>1 500	>1 500
28	44.64	2.58	5.31	0.73	1	6.4	39.34	17.187	39.34		2.3	1 340	>1 500	>1 500
29	53.26	3.04	4.94	1.11	0.92	8.31	28.42	20.473	27.3		2	1 140	1 190	1 270
30	54.4	2.52	2.46	0.86	1.12	7.5	31.14	19.99	15.26	1.14	2.2	1 410	1 490	>1 500
31	51.02	2.79	4.89	0.86	0.83	7	32.61	19.19	24.44	2.92	2	1 400	1 430	>1 500
32	50.5	3.5	6	1.3	1.7	7	30	19.988	25.5	2.58	1.35	1 250	1 350	1 450
33	57.02	3.27	5.68	0.74	0.7	9.5	23.09	21.47	32.87	2.13	2	1 340	1 400	1 420
34	55.89	3.1	5.96	0.63	0.92	8.8	24.7	20.91	32.25	2.58	1.5	1 310	1 360	1 380

附录 B　表　　格

表 B-1　飞灰平均颗粒直径

燃烧设备	煤　种	颗粒直径
煤粉,筒式钢球磨煤机	一切煤种	13
煤粉、中速、锤击式磨煤机	一切煤(除泥煤)	16
	泥煤	24
层燃	一切煤种	20

表 B-2　灰污系数的修正值

受热面名称	$\Delta\varepsilon$			
	积灰松散的煤种	无烟煤		积灰黏结性强的煤与页岩
		铁砂吹灰	无吹灰	
第一级省煤器,单级省煤器 $\vartheta' \leqslant 400\,℃$	0	0	0.001 7	0
第二级省煤器,单级省煤器 $\vartheta' \geqslant 400\,℃$ 直流锅炉过渡区	0.001 7	0.001 7	0.004 3	0.002 6
错列过热器	0.001 7	0.002 6	0.004 3	0.003 4

注：ϑ' 为入口烟气温度。

表 B-3　与燃料种类有关的系数 B、C

燃　料	B	C
重　油	0.54	0.12
气　体	0.54	0.12
硬燃料	0.59	0.5
低反应的无烟煤屑、贫煤以及某些多灰分的烟煤	0.56	0.5

表 B-4　顺列布置的受热面燃用固体燃料时的热有效系数

燃料种类	对吹灰的要求	Ψ
无烟煤与贫煤	需要	0.6
烟煤、洗中煤	需要	0.65

燃料种类		对吹灰的要求	Ψ
褐煤	飞灰黏性弱	需要	0.65
	飞灰黏性强	需要	0.6
木材		需要	0.6
页岩		需要	0.6

表 B-5　管式空气预热器(烟气在管内流动时)的利用系数

燃　料	利 用 系 数 ξ	
	低温级	高温级
无烟煤	0.80	0.75
重油、木材	0.80	0.85
一切其他燃料(除上列外)	0.85	0.85

注：当有一层中间管板时，ξ 降低 0.1;有两层中间管板时，ξ 降低 0.15。

表 B-6　饱和水和饱和蒸汽性质表

压力 P (MPa)	饱和温度 t(℃)	比体积(m³/kg)		焓 (kJ/kg)			熵[kJ/(kg·K)]	
		v'	v''	h'	h''	$r=h''-h'$	s'	s''
0.004	28.982	0.001 004 00	34.802 2	121.412	2 554.5	2 433.1	0.422 46	8.475 48
0.006	36.18	0.001 006 37	23.741 0	151.502	2 567.5	2 416.0	0.520 88	8.331 24
0.010	45.83	0.001 010 23	14.674 6	191.832	2 584.8	2 392.9	0.649 25	8.151 08
0.020	60.09	0.001 017 19	7.649 77	251.453	2 609.9	2 358.4	0.832 07	7.909 42
0.040	75.89	0.001 026 51	3.993 42	317.650	2 636.9	2 319.2	1.026 10	7.670 89
0.060	85.95	0.001 033 26	2.731 76	359.926	2 653.6	2 293.6	1.145 44	7.532 70
0.070	89.96	0.001 036 12	2.364 73	376.767	2 660.1	2 283.3	1.192 05	7.480 39
0.080	93.51	0.001 038 74	2.086 96	391.722	2 665.8	2 274.0	1.233 01	7.435 18
0.090	96.71	0.001 041 16	1.869 19	405.207	2 670.9	2 265.6	1.269 60	7.395 37
0.100	99.63	0.001 043 42	1.693 73	417.511	2 675.4	2 257.9	1.302 71	7.359 82
0.101 325	100.00	0.001 043 71	1.673 00	419.064	2 676.0	2 256.9	1.306 87	7.355 38
0.150	111.37	0.001 053 03	1.159 04	467.125	2 693.4	2 226.2	1.433 61	7.223 37
0.200	120.23	0.001 060 84	0.885 442	504.700	2 706.3	2 201.6	1.530 08	7.126 83
0.250	127.43	0.001 067 55	0.718 440	535.343	2 716.4	2 181.0	1.607 14	7.052 02
0.3	133.54	0.001 073 50	0.605 563	561.429	2 724.7	2 163.2	1.671 63	6.990 90

压力 P (MPa)	饱和温度 t(℃)	比体积(m³/kg)		焓（kJ/kg）			熵[kJ/(kg·K)]	
		v'	v''	h'	h''	$r=h''-h'$	s'	s''
0.4	143.62	0.001 083 87	0.462 225	604.670	2 737.6	2 133.0	1.776 40	6.894 32
0.5	151.84	0.001 092 84	0.374 676	640.115	2 747.5	2 107.4	1.860 36	6.819 18
0.6	158.84	0.001 100 86	0.315 474	670.423	2 755.5	2 085.0	1.930 83	6.757 54
0.7	164.96	0.001 108 19	0.272 681	697.061	2 762.0	2 064.9	1.991 81	6.705 18
0.8	170.4	0.001 114 98	0.240 257	720.935	2 767.5	2 046.5	2.045 72	6.659 59
0.9	175.36	0.001 121 35	0.214 812	742.644	2 772.1	2 029.5	2.094 14	6.619 17
1.0	179.88	0.001 127 37	0.194 293	762.605	2 776.2	2 013.6	2.138 17	6.582 81
1.2	187.96	0.001 138 58	0.163 200	798.430	2 782.7	1 984.3	2.216 05	6.519 36
1.4	195.04	0.001 148 93	0.140 721	830.073	2 787.8	1 957.7	2.283 66	6.465 09
1.6	201.37	0.001 158 64	0.123 686	858.561	2 791.7	1 933.2	2.343 61	6.417 52
1.8	207.11	0.001 167 83	0.110 317	884.573	2 794.8	1 910.3	2.397 62	6.375 07
2.0	212.37	0.001 176 61	0.099 536 2	908.588	2 797.2	1 888.6	2.446 86	6.336 65
2.5	223.94	0.001 197 18	0.079 905 4	961.961	2 800.9	1 839.0	2.554 29	6.253 6
3.0	233.84	0.001 216 34	0.066 626 2	1 008.35	2 802.3	1 793.9	2.645 50	6.183 72
4.0	250.33	0.001 252 06	0.049 749 3	1 087.4	2 800.3	1 712.9	2.796 52	6.068 51
5.0	263.91	0.001 285 82	0.039 428 6	1 154.47	2 794.2	1 639.7	2.920 60	5.973 49
6.0	275.55	0.001 318 68	0.032 437 8	1 213.69	2 785.0	1 571.3	3.027 30	5.890 79
7.0	285.79	0.001 351 32	0.027 373 3	1 267.41	2 773.5	1 506.0	3.121 89	5.816 16
8.0	294.97	0.001 384 25	0.023 525 3	1 317.10	2 759.9	1 442.8	3.207 62	5.747 09
9.0	303.31	0.001 417 86	0.020 495 4	1 363.73	2 744.6	1 380.9	3.286 66	5.682 01
10.0	310.96	0.001 452 56	0.018 041 3	1 408.04	2 727.7	1 319.7	3.360 55	5.619 80
12.0	324.65	0.001 526 77	0.014 283 1	1 491.77	2 689.2	1 197.4	3.497 18	5.500 32
14	336.64	0.001 610 63	0.011 495 0	1 571.64	2 642.4	1 070.7	3.624 25	5.380 26
16	347.33	0.001 710 31	0.009 307 5	1 650.54	2 584.9	934.3	3.747 10	5.253 14
18	356.96	0.001 839 9	0.007 497 7	1 734.82	2 513.9	779.1	3.876 54	2.112 78
20	365.70	0.002 037 0	0.005 876 6	1 826.47	2 418.4	591.9	4.014 87	4.941 21
22	373.69	0.002 671 4	0.003 727 9	2 011.13	2 195.6	184.5	4.294 67	4.579 89
22.12	374.15	0.003 170 0	0.003 170 0	2 107.4	2 107.4	0.0	4.442 86	4.442 86

表 B-7 未饱和水和过热蒸汽性质表

P	0.1 MPa			0.2 MPa		
	$t_s = 99.634$ $v' = 0.001\ 043\ 4$ $v'' = 1.694\ 3$ $h' = 417.52$ $h'' = 2\ 675.1$ $s' = 1.302\ 8$ $s'' = 7.358\ 9$			$t_s = 120.23$ $v' = 0.001\ 060\ 5$ $v'' = 0.885\ 92$ $h' = 504.7$ $h'' = 2\ 706.5$ $s' = 1.530\ 3$ $s'' = 7.127\ 2$		
t (℃)	v (m³/kg)	h (kJ/kg)	s [kJ/(kg·K)]	v (m³/kg)	h (kJ/kg)	s [kJ/(kg·K)]
0	0.001 000 2	0.1	−0.000 1	0.001 000 1	0.2	−0.000 1
20	0.001 001 7	84.0	0.296 3	0.001 001 6	84	0.296 3
40	0.001 007 8	167.5	0.572 1	0.001 007 7	167.6	0.572 0
60	0.001 017 1	251.2	0.830 9	0.001 017 1	251.2	0.830 9
80	0.001 029 2	335.0	1.075 2	0.001 029 1	335.0	1.075 2
100	1.696	2 676.5	7.362 8	0.001 043 7	149.1	1.306 8
120	1.793	2 716.8	7.468 1	0.001 060 6	503.7	1.527 6
140	1.889	2 756.6	7.566 9	0.935 3	2 748.4	7.231 4
160	1.984	2 796.2	7.660 5	0.984 2	2 789.5	7.328 6
180	2.078	2 835.7	7.749 6	1.032 6	2 830.1	7.420 3
200	2.172	2 875.2	7.834 8	1.080	2 870.5	7.507 3
220	2.266	2 914.7	7.916 6	1.128	2 910.6	7.590 5
240	2.359	2 954.3	7.995 4	1.175	2 950.8	7.670 4
260	2.453	2 994.1	8.071 4	1.222	2 991.0	7.747 2
280	2.546	3 034.0	8.144 9	1.269	3 031.3	7.821 4
300	2.639	3 074.1	8.216 2	1.316	3 071.7	7.893 1
350	2.871	3 175.3	8.385 4	1.433	3 173.4	8.063 3
400	3.103	3 278.0	8.543 9	1.549	3 276.5	8.222 3
450	3.334	3 382.2	8.693 2	1.665	3 380.9	8.372 0
500	3.565	3 487.9	8.834 6	1.781	3 486.9	8.513 7
550	3.797	3 595.4	8.969 3	1.897	3 594.5	8.648 5
600	4.028	3 704.5	9.097 9	2.013	3 703.7	8.777 4

P	0.5 MPa			1 MPa		
	$t_s = 151.867$ $v' = 0.001\ 092\ 5$ $v'' = 0.374\ 86$ $h' = 640.35$ $h'' = 2\ 748.6$ $s' = 1.861\ 0$ $s'' = 6.821\ 4$			$t_s = 179.916$ $v' = 0.001\ 127\ 2$ $v'' = 0.194\ 3$ $h' = 762.8$ $h'' = 2\ 777.7$ $s' = 2.138\ 8$ $s'' = 6.585\ 9$		
t (℃)	v (m³/kg)	h (kJ/kg)	s [kJ/(kg·K)]	v (m³/kg)	h (kJ/kg)	s [kJ/(kg·K)]
20	0.001 001 5	84.3	0.296 2	0.001 001 3	84.8	0.296 1
60	0.601 016 9	251.5	0.830 7	0.001 016 7	251.9	0.830 5
100	0.001 043 5	419.4	1.306 6	0.001 043 2	419.7	1.306 2
140	0.001 080 0	589.2	1.738 8	0.001 079 6	589.5	1.738 3

P	0.5 MPa			1 MPa		
	$t_s = 151.867$ $v' = 0.001\ 092\ 5$　$v'' = 0.374\ 86$ $h' = 640.35$　$h'' = 2\ 748.6$ $s' = 1.861\ 0$　$s'' = 6.821\ 4$			$t_s = 179.916$ $v' = 0.001\ 127\ 2$　$v'' = 0.194\ 3$ $h' = 762.8$　$h'' = 2\ 777.7$ $s' = 2.138\ 8$　$s'' = 6.585\ 9$		
t (℃)	v (m³/kg)	h (kJ/kg)	s [kJ/(kg·K)]	v (m³/kg)	h (kJ/kg)	s [kJ/(kg·K)]
180	0.404 6	2 812.1	6.966 5	0.194 4	2 777.3	6.585 4
220	0.445 0	2 898.0	7.148 1	0.216 9	2 874.9	6.792 1
260	0.484 1	2 981.5	7.311 0	0.237 8	2 964.8	6.965 0
300	0.522 6	3 064.2	7.460 6	0.258 0	3 051.3	7.123 9
350	0.570 1	3 167.6	7.633 5	0.282 5	3 157.7	7.301 8
400	0.617 2	3 271.8	7.794 4	0.306 6	3 264.0	7.460 6
450	0.664 1	3 377.1	7.945 2	0.330 4	3 370.7	7.618 8
500	0.710 9	3 483.7	8.087 7	0.354 0	3 478.3	7.762 7
550	0.757 5	3 591.7	8.223 2	0.377 6	3 587.2	7.899 1

P	2 MPa			4 MPa		
	$t_s = 212.417$ $v' = 0.001\ 176\ 7$　$v'' = 0.099\ 588$ $h' = 908.6$　$h'' = 2\ 798.7$ $s' = 2.447\ 1$　$s'' = 6.339\ 5$			$t_s = 250.394$ $v' = 0.002\ 524$　$v'' = 0.049.77$ $h' = 1\ 087.2$　$h'' = 2\ 800.4$ $s' = 2.796\ 2$　$s'' = 6.068\ 8$		
t (℃)	v (m³/kg)	h (kJ/kg)	s [kJ/(kg·K)]	v (m³/kg)	h (kJ/kg)	s [kJ/(kg·K)]
20	0.001 000 8	85.7	0.295 9	0.000 999 9	87.6	0.295 5
60	0.001 016 2	252.7	0.829 9	0.001 015 3	254.4	0.828 8
100	0.001 042 7	420.5	1.305 4	0.001 041 7	422.0	1.303 8
140	0.001 079 0	590.2	1.737 3	0.001 077 7	591.5	1.735 2
180	0.001 126 6	763.6	2.137 9	0.001 124 9	764.6	2.135 2
220	0.102 11	2 820.4	6.384 2	0.001 187 8	944.2	2.514 7
260	0.120 0	2 927.9	6.594 1	0.051 74	2 835.6	6.135 5
300	0.125 5	3 024.0	6.767 9	0.058 85	2 961.5	6.363 4
350	0.138 6	3 137.2	6.957 4	0.066 45	3 093.1	6.583 8
400	0.151 2	3 248.1	7.128 5	0.073 39	3 214.5	6.771 3
450	0.163 5	3 357.7	7.285 5	0.079 99	3 330.7	6.937 9
500	0.175 6	3 467.4	7.432 3	0.086 38	3 445.2	7.090 9
550	0.187 6	3 578.0	7.570 8	0.092 64	3 559.2	7.233 8

P	6 MPa			8 MPa		
	$t_s = 275.625$ $v' = 0.001\ 319\ 0$　$v'' = 0.032\ 440$ $h' = 1\ 213.3$　$h'' = 2\ 783.8$ $s' = 3.026\ 6$　$s'' = 5.888\ 5$			$t_s = 2\ 945.048$ $v' = 0.001\ 384\ 3$　$v'' = 0.023\ 52$ $h' = 1\ 316.5$　$h'' = 2\ 757.7$ $s' = 3.206\ 6$　$s'' = 5.743$		
t (℃)	v (m³/kg)	h (kJ/kg)	s [kJ/(kg·K)]	v (m³/kg)	h (kJ/kg)	s [kJ/(kg·K)]
20	0.000 999 0	89.5	0.295 1	0.000 998 1	91.4	0.294 6
60	0.001 014 4	256.1	0.827 8	0.001 013 5	257.8	0.826 7
100	0.001 040 6	423.5	1.302 3	0.001 039 6	425.0	1.300 7
140	0.001 076 4	592.8	1.733 2	0.001 075 2	594.1	1.731 1
180	0.001 123 2	765.7	2.132 5	0.001 121 6	766.7	2.129 9
220	0.001 185 3	944.7	2.511 1	0.001 182 9	945.3	2.507 5
260	0.001 272 9	1 134.8	2.881 5	0.001 268 7	1 134.6	2.876 2
300	0.036 16	2 885.0	6.069 3	0.024 25	2 785.4	5.791 8
350	0.042 23	3 043.9	6.335 6	0.029 95	2 988.3	6.132 4
400	0.047 38	3 178.6	6.543 8	0.034 31	3 140.1	6.367 0
450	0.052 12	3 302.6	6.721 4	0.038 15	3 273.1	6.557 7
500	0.056 62	3 422.2	6.881 4	0.041 72	3 398.5	6.725 4
550	0.060 96	3 540.0	7.029 1	0.045 12	3 520.4	6.878 3

P	9 MPa			10 MPa		
	$t_s = 303.385$ $v' = 0.001\ 417\ 7$　$v'' = 0.020\ 485$ $h' = 1\ 363.1$　$h'' = 2\ 741.9$ $s' = 3.285\ 4$　$s'' = 5.677\ 1$			$t_s = 311.037$ $v' = 001\ 452\ 2$　$v'' = 0.018\ 026$ $h' = 1\ 407.2$　$h'' = 2\ 724.5$ $s' = 3.359\ 1$　$s'' = 5.613\ 9$		
t (℃)	v (m³/kg)	h (kJ/kg)	s [kJ/(kg·K)]	v (m³/kg)	h (kJ/kg)	s [kJ/(kg·K)]
20	0.000 997 7	92.3	0.294 4	0.000 997 2	93.2	0.294 2
60	0.001 013 1	258.6	0.826 2	0.001 012 6	259.4	0.825 7
100	0.001 039 1	425.8	1.300 0	0.001 038 6	426.5	1.299 2
140	0.001 074 5	594.7	1.730 1	0.001 073 9	595.4	1.729 1
180	0.001 120 7	767.2	2.128 6	0.001 119 9	767.8	2.127 2
220	0.001 181 7	945.6	2.505 7	0.001 180 5	946.0	2.504 0
260	0.001 266 7	1 134.4	2.873 7	0.001 264 8	1 134.3	2.871 1
300	0.001 402 2	1 344.9	3.253 9	0.001 397 8	1 343.7	3.249 4
350	0.025 79	2 957.5	6.038 3	0.022 42	2 924.2	5.946 4
400	0.029 93	3 119.7	6.289 1	0.026 41	3 098.5	6.215 8
450	0.033 48	3 257.9	6.487 2	0.029 74	3 242.2	6.422 0
500	0.036 75	3 386.4	6.659 2	0.032 77	3 374.1	6.598 4
550	0.039 84	3 510.5	6.814 7	0.035 61	3 500.4	6.756 8

P	11 MPa			12 MPa		
	$t_s = 318.118$ $v' = 0.001\ 488\ 1$　$v'' = 0.015\ 987$ $h' = 1\ 449.6$　$h'' = 2\ 705.34$ $s' = 3.428\ 7$　$s'' = 5.552\ 5$			$t_s = 324.715$ $v' = 0.001\ 526\ 0$　$v'' = 0.014\ 26$ $h' = 1\ 490.7$　$h'' = 2\ 684.5$ $s' = 3.495\ 2$　$s'' = 5.492\ 0$		
t (℃)	v (m³/kg)	h (kJ/kg)	s [kJ/(kg·K)]	v (m³/kg)	h (kJ/kg)	s [kJ/(kg·K)]
20	0.000 996 9	94.16	0.293 9	0.000 996 4	95.1	0.293 7
60	0.001 012 2	260.37	0.825 4	0.001 011 8	261.1	0.824 6
100	0.001 038 0	427.27	1.298 5	0.001 037 6	428.0	1.297 7
140	0.001 073 1	596.16	1.728 4	0.001 072 7	596.7	1.727 1
180	0.001 119 1	768.37	2.126 2	0.001 118 3	768.8	2.124 6
220	0.001 179 5	946.02	2.501 8	0.001 178 2	946.6	2.500 5
260	0.001 263 1	1 133.6	2.867 3	0.001 260 9	1 134.2	2.866 1
300	0.001 393 2	1 341.2	3.212 5	0.001 389 5	1 341.5	3.240 7
350	0.019 604	2 886.0	5.850 7	0.017 21	2 848.4	5.761 5
400	0.022 808	3 040.3	6.091 1	0.021 08	3 053.3	6.078 7
450	0.026 672	3 224.6	6.357 5	0.024 11	3 209.9	6.303 2
500	0.029 494	3 360.5	6.539 3	0.026 79	3 349.0	6.489 3
550	0.032 121	3 489.1	6.700 5	0.029 26	3 480.0	6.653 6

P	14 MPa			16 MPa		
	$t_s = 336.707$ $v' = 0.001\ 609\ 7$　$v'' = 0.011\ 49$ $h' = 1\ 570.4$　$h'' = 2\ 637.1$ $s' = 3.622\ 0$　$s'' = 5.371\ 1$			$t_s = 347.39$ $v' = 0.001\ 709\ 9$　$v'' = 0.009\ 311$ $h' = 1\ 649.4$　$h'' = 2\ 580.2$ $s' = 3.745\ 1$　$s'' = 5.245\ 0$		
t (℃)	v (m³/kg)	h (kJ/kg)	s [kJ/(kg·K)]	v (m³/kg)	h (kJ/kg)	s [kJ/(kg·K)]
20	0.000 995 5	97.0	0.293 3	0.000 994 6	98.8	0.292 8
60	0.001 010 9	262.8	0.823 6	0.001 010 0	264.5	0.822 5
100	0.001 036 6	429.5	1.296 1	0.001 035 6	431.0	1.294 6
140	0.001 071 5	598.0	1.725 1	0.001 070 3	599.4	1.723 1
180	0.001 116 7	769.9	2.122 0	0.001 115 1	771.0	2.119 5
220	0.001 175 9	947.2	2.497 0	0.001 173 6	947.9	2.493 6
260	0.001 257 2	1 134.1	2.861 2	0.001 253 5	1 134.0	2.856 3
300	0.001 381 6	1 339.5	3.232 4	0.001 374 2	1 337.7	3.224 5
350	0.013 23	2 753.5	5.560 6	0.009 782	2 618.5	5.307 1
400	0.017 22	3 004.0	5.948 8	0.014 27	2 949.7	5.821 5
450	0.020 07	3 175.8	6.195 3	0.017 02	3 140.0	6.094 7
500	0.022 51	3 223.0	6.392 2	0.019 29	3 296.3	6.303 8
550	0.024 73	3 459.2	6.563 1	0.021 32	3 438.0	6.481 6

附录 C 线 算 图

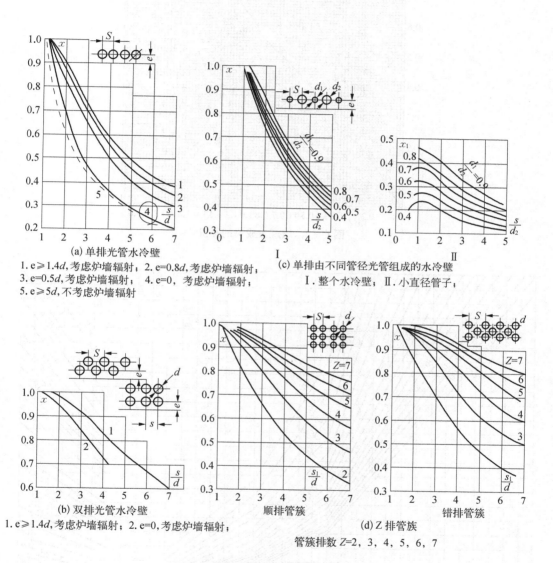

(a) 单排光管水冷壁

1. e≥1.4d,考虑炉墙辐射；ㅤ2. e=0.8d,考虑炉墙辐射；
3. e=0.5d,考虑炉墙辐射；ㅤ4. e=0, 考虑炉墙辐射；
5. e≥5d,不考虑炉墙辐射

(c) 单排由不同管径光管组成的水冷壁
Ⅰ.整个水冷壁；Ⅱ.小直径管子；

(b) 双排光管水冷壁

1. e≥1.4d,考虑炉墙辐射；2. e=0,考虑炉墙辐射；

顺排管簇

(d) Z 排管簇

错排管簇

管簇排数 Z=2, 3, 4, 5, 6, 7

图 C-1 水冷壁的角系数

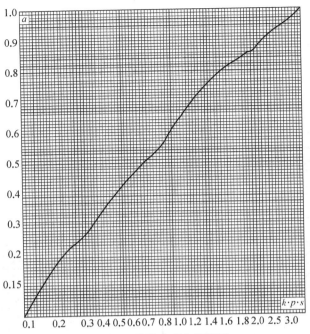

图 C-2 燃烧生成物的黑度

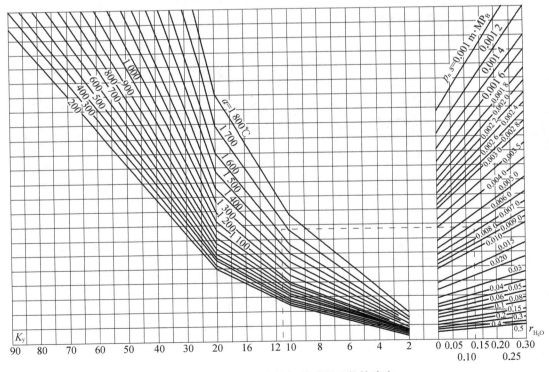

图 C-3 三原子气体的辐射减弱系数的确定

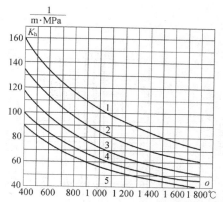

灰粒辐射减弱系数 K_h

1—在旋风炉中燃烧煤粉；2—所燃用的煤粉系在钢球磨煤机中磨制时；3—所燃用的煤粉系在中速和锤击式及风扇式磨煤机中磨制时；4—在旋风炉中燃烧碎煤料以及在层燃炉中燃烧燃料时；5—在室燃炉燃烧泥煤时

图 C-4 灰粒辐射减弱系数的确定

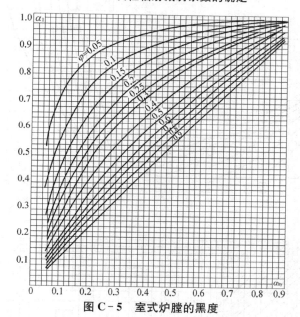

图 C-5 室式炉膛的黑度

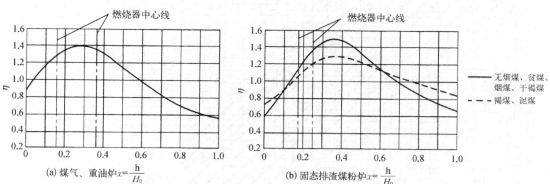

图 C-6 沿炉膛高度的热负荷分配不均匀系数 η

注：H_0 为自冷灰斗一半高处量起的炉膛高度；h 为所计算的高度，即从冷灰斗一半高度处至计算处的高度；炉膛顶棚热负荷分配不均匀系数适用。

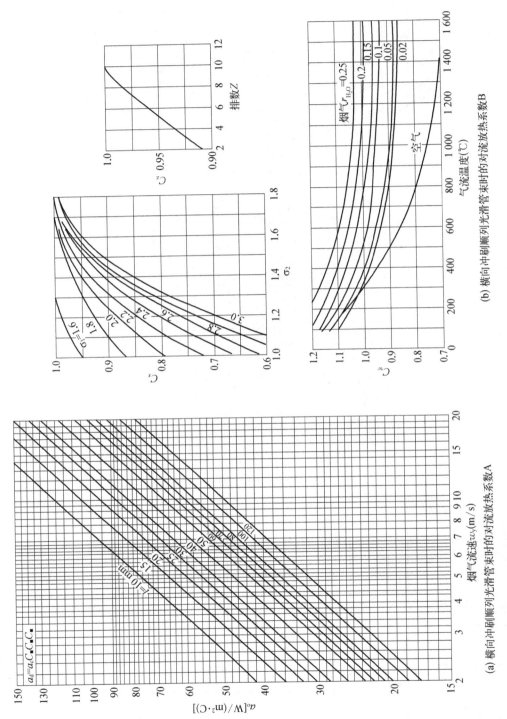

图 C-7　横向冲刷顺列光滑管束时的对流传热系数

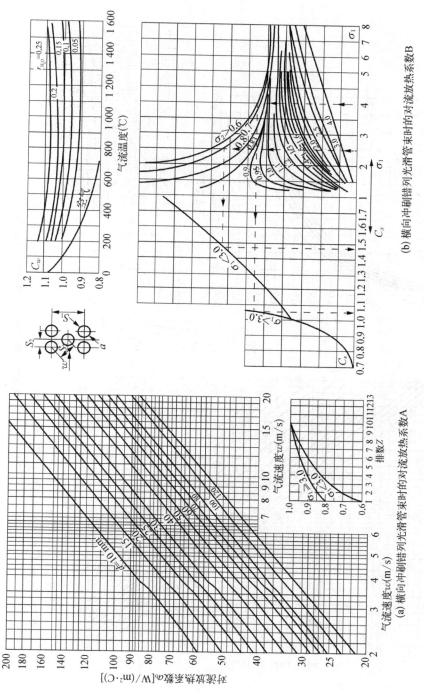

图 C-8 横向冲刷错列光滑管束时的对流传热系数

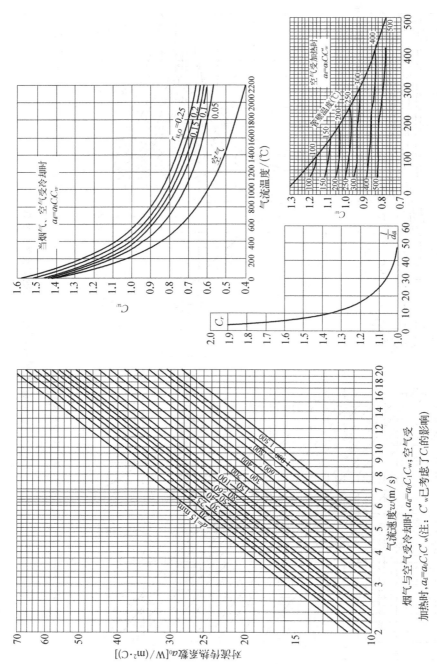

图 C-9　空气及烟气作纵向冲刷时的对流传热系数

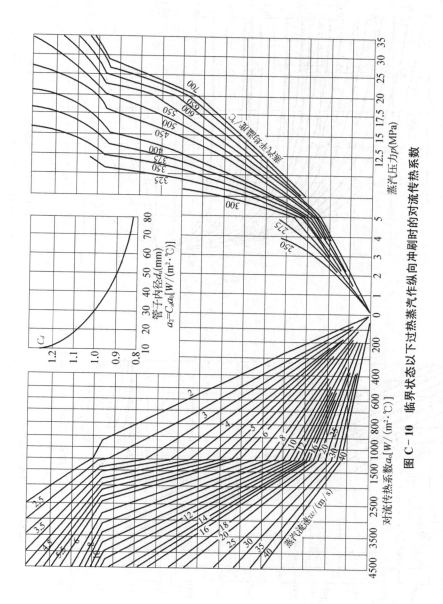

图 C-10 临界状态以下过热蒸汽作纵向冲刷时的对流传热系数

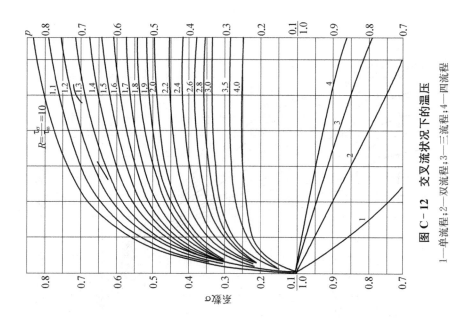

图 C-12 交叉流状况下的温压

1—单流程；2—双流程；3—三流程；4—四流程

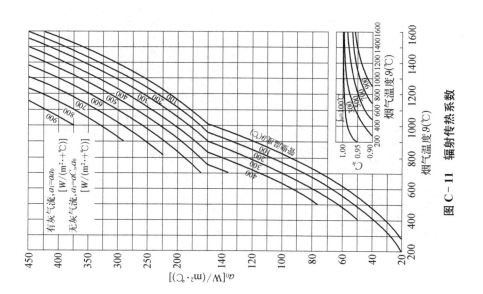

图 C-11 辐射传热系数

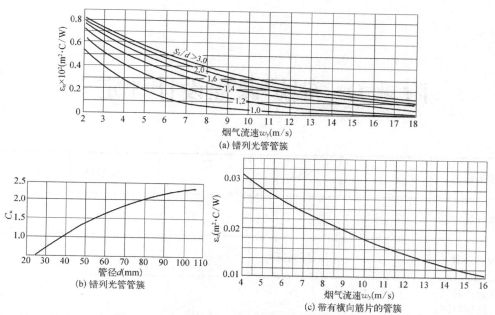

图 C-13　锅炉燃烧固体燃料时受热面的灰污系数

注：顺列光管管束，包括过热器贴壁管，ε_0 的推荐值为 $0.0013\ m^2/(W\cdot℃)$

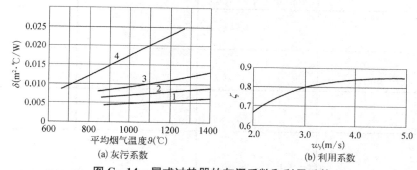

图 C-14　屏式过热器的灰污系数和利用系数

1—不结渣煤；2—微结渣煤并带吹灰；3—微结渣煤不带吹灰及强结渣煤带吹灰；4—页岩并吹灰

注：各种混合冲刷的对流受热面，ζ 值大都为 0.95；现代锅炉横向冲刷的受热面，由于结构简单，冲刷良好，ζ 值可取为 1；冲刷不正确的锅炉蒸发管束，其 ζ 值可取为 0.9。

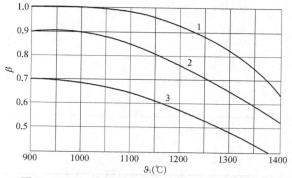

图 C-15　炉膛与屏分界面污染系数的修改系数

1—固体燃料；2—重油；3—煤气

附录 D 锅炉课程设计评定表

学生姓名		专业		班级及学号	
指导教师					
设计煤种		课题名称			

设计起止时间： 年 月 日至 年 月 日
设计达标时间： 年 月 日

	姓名	职称	单位	签字
答辩成员				
答辩评语	指导教师签字： 年 月 日
成绩	

附录 E 锅炉课程设计评分参考标准

序号	内　　容	标准分数	实际得分	总分
1	熟悉锅炉结构	2		
2	熟悉汽水流程	2		
3	熟悉烟气流程	2		
4	熟悉总体设计计算流程	2		
5	熟悉燃料燃烧计算流程,完成相应计算	2		
6	熟悉锅炉热平衡及燃料消耗量计算流程,完成相应计算	2		
7	熟悉炉膛结构设计流程,完成相应计算	2		
8	熟悉燃烧器结构设计计算流程,完成相应计算	2		
9	熟悉炉膛结构简图画法,完成结构简图绘制	2		
10	熟悉炉膛热力计算流程,完成相应计算	2		
11	熟悉屏的结构设计计算流程,完成相应计算	2		
12	熟悉屏的结构简图画法,完成结构简图绘制	2		
13	熟悉屏的热力计算流程,完成相应计算	2		
14	熟悉高温过热器的结构设计流程,完成相应计算	2		
15	熟悉高温过热器的结构尺寸计算流程,完成相应计算	2		
15	熟悉高温过热器的结构简图画法,完成结构简图绘制	2		
16	熟悉高温过热器的热力计算流程,完成相应计算	2		
17	熟悉低温过热器的结构设计流程,完成相应计算	2		
18	熟悉低温过热器的结构尺寸计算流程,完成相应计算	2		
19	熟悉低温过热器的结构简图画法,完成结构简图绘制	2		
20	熟悉低温过热器的热力计算流程,完成相应计算	2		
21	熟悉减温水校核计算方法,完成相应计算	2		
22	熟悉高温省煤器的结构设计流程,完成相应计算	2		
23	熟悉高温省煤器的结构尺寸计算流程,完成相应计算	2		

序号	内　　容	标准分数	实际得分	总分
24	熟悉高温省煤器的结构简图画法,完成结构简图绘制	2		
25	熟悉高温省煤器的热力计算流程,完成相应计算	2		
26	熟悉高温空气预热器的结构设计流程,完成相应计算	2		
27	熟悉高温空气预热器的结构尺寸计算流程,完成相应计算	2		
28	熟悉高温空气预热器的结构简图画法,完成结构简图绘制	2		
29	熟悉高温空气预热器的热力计算流程,完成相应计算	2		
30	熟悉低温省煤器的结构设计流程,完成相应计算	2		
31	熟悉低温省煤器的结构尺寸计算流程,完成相应计算	2		
32	熟悉低温省煤器的结构简图画法,完成结构简图绘制	2		
33	熟悉低温省煤器的热力计算流程,完成相应计算	2		
34	熟悉低温空气预热器的结构设计流程,完成相应计算	2		
35	熟悉低温空气预热器的结构尺寸计算流程,完成相应计算	2		
36	熟悉低温空气预热器的结构简图画法,完成结构简图绘制	2		
37	熟悉低温空气预热器的热力计算流程,完成相应计算	2		
38	完成锅炉热力计算误差检查	2		
39	熟悉各部分受热面计算的误差	2		
40	熟悉锅炉总图绘制方法,完成锅炉总图的绘制	6		
41	熟悉各部分内容所涉及的相应概念和计算公式	16		

优秀(≥90);良好(80~90);中等(70~80),及格(60~70);不及格(<60)。

附录 F 锅炉课程设计任务书

一、目标、要求

巩固、充实和提高锅炉原理课程的知识;掌握锅炉机组的热力计算方法,学会使用热力计算标准;培养学生查阅资料、合理选择和分析数据的能力;培养学生对工程技术问题认真负责的态度。

二、主要内容

1. 锅炉整体型式和受热面布置;
2. 锅炉辅助设计计算;
3. 受热面结构设计计算;
4. 受热面热力计算;
5. 计算数据的分析;
6. 受热面结构简图和锅炉总图。

三、进度计划(共三周 15 个工作日)

1. 锅炉辅助设计计算 2 天;
2. 锅炉炉膛、燃烧器的设计及热力计算 3 天;
3. 锅炉过热器的结构设计及热力计算 4 天;
4. 锅炉减温水校核计算 1 天;
5. 锅炉尾部受热面的结构设计及热力计算 4 天;
6. 计算数据的分析 1 天。

四、设计成果要求

要求各种误差在规定范围之内,各项计算或选择的内容不得空缺。

五、考核方式

主要以设计报告文档和口试方式考核。

参 考 文 献

［1］樊泉桂,阎维平.锅炉原理[M].2版.北京:中国电力出版社,2014.

［2］张力.锅炉原理[M].北京:机械工业出版社,2014.

［3］徐通模,惠世恩,燃烧学[M].北京:机械工业出版社,2010.

［4］王世昌,锅炉原理同步导学[M].北京:中国电力出版社,2009.

［5］A·M·古尔维奇.锅炉机组热力计算标准方法[M].北京锅炉厂设计科译.北京:机械工业出版社,1976.

［6］林宗虎,徐通模.实用锅炉手册[M].2版.北京:化学工业出版社,2009.

［7］李加护,闫顺林,刘彦丰.锅炉课程设计指导书[M].2版.北京:中国电力出版社,2017.

［8］赵伶伶,周强泰.锅炉课程设计[M].中国电力出版社,2013.

［9］李清海,张衍国.热能工程基础[M].清华大学教材,2016.

［10］严家騄,余晓福,王永青.水和水蒸气热力性质图表[M].高等教育出版社,2003.